理工系学生のための
微分方程式

［Webアシスト演習付］

桂 利行［編］岡山友昭・佐藤好久・田上 真
若狭 徹・廣瀬英雄［共著］

JN097697

培風館

編者まえがき

　微分方程式は自然現象や社会現象を記述する基本的な言葉である．2013 年に日本学術会議は「数理科学」の参照基準を作成し，数理科学とはどのような分野で，大学ではどのようなことが教えられるべきであるかということを明示した．その中で，複雑な現象の解明や課題の解決には数理モデリングの成否が重要であると述べられている．微分方程式は，この数理モデリングの主要な道具である．

　本書では，第 1 章において微分方程式の意味を簡潔に説明した後，モデリングの例を示して微分方程式がどのように利用されるかを解説し，微分方程式を学習する意義を明らかにすることから説き起こす．IT の進歩などにより社会情勢は大きく変化しており，学生の気質も変化している状況に鑑み，理論を解説するだけではなく，まず学習する意味を明らかにしておこうという姿勢である．第 2 章から第 7 章において，微分方程式について学部段階で学んでおくべき基本的なことが多くの具体例を交えて解説されている．微分方程式はほとんどの場合，解が初等関数では得られない．第 8 章ではラプラス変換による解法とともにそのような場合を取り扱い，数値計算のさまざまな手法がコンピュータの時代に対応して紹介されている．さらに特徴的なのは演習問題による学習法である．各節の最後に多くの演習問題を配置しているだけではなく，IRT (Item Response Theory, 項目反応理論) という Web を利用した演習の方式が採用されている．これは IT の進歩に呼応した方式であり，出版社のホームページから本書の Web ページにアクセスすれば，学習者の到達レベルにあわせた問題が提供され，それに従って問題を解いていくことにより自然に学力が向上する仕組みになっている．IRT は「愛あるって」と読むが，その意味にそぐわしい学習法だといえるだろう．

　数学は大学で講義を聴いただけで修得できる科目ではない．本書を利用して自ら手を動かして計算をし，講義内容を深く理解することにより微分方程式の

本質を掴み，自然現象・社会現象を解析する力を身につけた人材が輩出することを期待したい．

2021 年 10 月

桂　　利　行

培風館のホームページ

http://www.baifukan.co.jp/shoseki/kanren.html

から，オンライン学習サイト「愛あるって」に入ることができる．あわせて，演習問題の詳細な解答・解説，本文中で省略した内容の補足説明などが与えられているので，参考にして有効に活用していただきたい．

目　次

ギリシア文字

大文字	小文字	英語名	発 音	
A	α	alpha	[ǽlfə]	アルファ
B	β	beta	[bíːtə]	ベータ
Γ	γ	gamma	[gǽmə]	ガンマ
Δ	δ	delta	[délta]	デルタ
E	ε, ϵ	epsilon	[ipsáilən, épsilən]	イ (エ) プシロン
Z	ζ	zeta	[zéːtə]	ツェータ
H	η	eta	[íːta]	イータ
Θ	θ, ϑ	theta	[θíːtə]	シータ
I	ι	iota	[aióutə]	イオタ
K	κ	kappa	[kǽpə]	カッパ
Λ	λ	lambda	[lǽmdə]	ラムダ
M	μ	mu	[mjuː]	ミュー
N	ν	nu	[njuː]	ニュー
Ξ	ξ	xi	[ksiː, (g)zai]	グザイ
O	o	omicron	[o(u)máikrən]	オミクロン
Π	π, ϖ	pi	[pai]	パイ
P	ρ, ϱ	rho	[rou]	ロー
Σ	σ, ς	sigma	[sigmə]	シグマ
T	τ	tau	[tau, tɔː]	タウ
Υ	υ	upsilon	[juːpsáilən, júːpsilən]	ウプシロン
Φ	ϕ, φ	phi	[fai]	ファイ
X	χ	chi	[kai]	カイ
Ψ	ϕ, ψ	psi	[(p)sai]	プサイ
Ω	ω	omega	[óumigə, ɔ́migə]	オメガ

1
微分方程式とは何か

　本章では微分方程式への導入として，いくつかの重要な微分方程式を現象の数理モデルとして導出し，さらに，一般的な微分方程式に対して，解や階数をはじめとする基本概念を与える．

1.1　導　　入

　微分方程式とは関数を未知量とする方程式の一種であり，未知関数およびその導関数などが満たす関係式（等式）として与えられるものである．微分方程式を満たす未知関数のことを**解**という．もっとも簡単な微分方程式は，

$$\frac{dy}{dx} = f(x)$$

と表される．ここで $f(x)$ は与えられた関数，y が未知関数である．微分積分学の知識を思い出せば，その解は

$$y = \int f(x)\,dx + C \quad （C \text{ は任意定数}）$$

となり，またこの形以外の解は存在しない[1]．一般に微分方程式の解は定数を含む形で表され，1 つの微分方程式に対して解は無数に存在する．解の表示式が任意定数を含むとき，これを微分方程式の**一般解**とよぶ．

○例 **1.1.1**　$k \neq 0$ とする．指数関数 $y = e^{kx}$ は微分方程式

$$\frac{dy}{dx} = ky \tag{1.1.1}$$

---

[1]　本書では，任意定数を強調するため文字 C などにより明記し，不定積分の記号に定数を含めない．すなわち $\int x\,dx = \frac{1}{2}x^2$, $\int \frac{1}{x}\,dx = \log|x|$ などの表し方を用いることにする．これは高校数学の記号の使い方と若干異なるので，はじめのうちは注意が必要である．

1

の解である．一方 $y = -e^{kx}$ とおくと，これも (1.1.1) を満たす．実は (1.1.1) の一般解は，$y = Ce^{kx}$（C は任意定数）で与えられる．

○**例 1.1.2** $k > 0$ とする．三角関数 $y = \cos kx$ は微分方程式

$$\frac{d^2y}{dx^2} = -k^2y \tag{1.1.2}$$

の解である．一方 $y = \sin kx$ とおくと，これも (1.1.2) を満たす．方程式 (1.1.2) の一般解は，$y = C_1 \cos kx + C_2 \sin kx$（$C_1$, C_2 は任意定数）の形で与えられる．

　方程式 (1.1.1) のように，未知関数の 1 次導関数のみを含む微分方程式を **1 階微分方程式**とよぶ．また，方程式 (1.1.2) のように，2 次導関数までを含む微分方程式を **2 階微分方程式**とよぶ．

●**注意**　あらゆる微分方程式のなかでも，2 つの例における (1.1.1), (1.1.2) はもっとも重要なものである．これらは本書で学習する微分方程式の解法をはじめ，より高度な微分方程式の理論全般における基準点の役割をもつ．

1.2　現象モデルとしての微分方程式

　自然科学や工学，さらには社会科学におけるさまざまな現象について，現象を構成する主要な要素間の量的関係を数式化したものを，現象の**数理モデル**（**数学モデル**）[2]という．構成要素の一つの状態を表す量を変数 y で表そう．これが離散的な量であっても，十分大きな値をとる場合などの状況においては，y を連続量として扱うと便利なことが多い．時刻 t から微小時間 Δt が経過したときの y の増分（変化量）は $\Delta y = y(t + \Delta t) - y(t)$ により与えられ，さらに $\Delta t \to 0$ の極限操作を行うことによって，

$$\frac{dy}{dt}(t) = \lim_{\Delta t \to 0} \frac{y(t + \Delta t) - y(t)}{\Delta t}$$

---

　2)　科学全般におけるモデルとは，自然界や社会に存在する実体や現象と対比される概念であり，対象の本質的理解に必要な要素のみを抽出したものを指す．数理モデルとは，（いくつかの仮説や観測的事実などのもとで）各要素間の定量的な関係を数式によって表したモデルのことである．中学校や高等学校で勉強した速さや濃度，図形などの文章題において，与えられた条件から数式を立式したことを思い出すとよい．モデルの他の例として，例えば地球儀（地球を球体と考える）や化学反応式などがあげられる．

により y の（t に関する）導関数が現れる．このような増分について成立する量的関係に着目し，必要に応じて極限操作を行うことで得られる数理モデルは微分方程式として表されることになる．

1階微分方程式は，広範囲の自然現象や社会現象における増殖や減衰（あるいは生成と消滅）の基本モデルを与える．

○例 **1.2.1** バクテリアなどの培養において，培養中のバクテリア全体のおおよその個体数を知ることは実用上重要である．これを表すための数理モデルを導出しよう．そのためにまず，培養環境についての状況設定が不可欠である．培養は流出入のない密閉容器内で行われ，随時十分な栄養分が与えられていると仮定しよう．このような環境下では，各個体は一定時間ごとに分裂を繰り返し増殖していく．関数 $y(t)$ を時刻 t におけるバクテリアの個体数とするとき，単位時間当たりの増殖率はほぼ一定であると考えられ（「マルサスの法則」，図 1.1 を参照），微小時間 Δt における近似等式

$$y(t + \Delta t) - y(t) \approx ky(t)\Delta t$$

（$k > 0$ はある定数，$\approx$ は十分近似されるの意味）が成立する．これを両辺 Δt

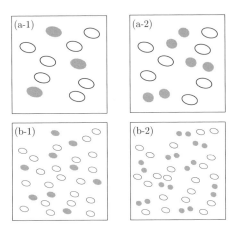

図 1.1 マルサスの法則（$k = 0.3$ の場合）に従うバクテリア成長の様子．ある時刻 t_0 において分裂成長を行うバクテリアの分裂前と分裂後の様子を表したもの．各図形はバクテリア個体を表し，特に灰色の図形は分裂する（分裂した）バクテリア個体を表す．(a-1), (a-2) は $y(t_0) = 10$ の場合における分裂前および分裂後の様子，(b-1), (b-2) は $y(t_0) = 30$ とした場合における分裂前と分裂後の様子．

で割って $\Delta t \to 0$ とすることで $\approx$ が等号 $=$ に置き換わり，1階微分方程式

$$\frac{dy}{dt} = ky$$

が得られる．

　例 1.2.1 の微分方程式は**マルサス（成長）モデル**とよばれ，ヒトをはじめとする大型生物など，より広範囲の生物個体に対する人口動態に対して用いられることもある．これは (1.1.1) と同等な微分方程式であり，一般解は $y(t) = Ce^{kt}$（C は任意定数）である．時刻 t_0，および個体数 $y_0 > 0$ を1つ選び，**初期条件** $y(t_0) = y_0$ を満たすものを探すと，定数 C のとる値が1つに定まり，

$$y(t) = \frac{y_0}{e^{kt_0}} e^{kt} \quad (= y_0 e^{k(t-t_0)})$$

である．ここで $k > 0$ により，マルサスモデルの解は時間 t の指数関数として増大し，最終的に $y(t) \to \infty$ $(t \to \infty)$ が従う[3]．

　上記のように，初期条件が与えられたときの微分方程式の解を求める問題を**初期値問題**といい，このときの解を**初期値問題の解**という．

○**例 1.2.2**　ウランやプルトニウムなどの放射性物質は，時間経過によって原子核から放射線を放出し，別の放射性物質に変化する．その自然崩壊に関する質量変化を表す「ラザフォードの法則」を数式化することで，例 1.2.1 と同様にして1階微分方程式

$$\frac{dy}{dt} = -\lambda y$$

が得られる．ただし，$y(t)$ は時刻 t における放射性物質の質量，$\lambda > 0$ は放射性物質の崩壊率を表す．

　例 1.2.2 の微分方程式において本質的であるのは自然分解の過程であり，必ずしも放射性をもたない物質，例えば，高分子化合物などの化学物質の自然分解の数理モデルとして用いられることもある．例 1.2.2 においても，一般解は $y(t) = Ce^{-\lambda t}$（C は任意定数），初期条件 $y(t_0) = y_0$ を満たす解は定数 C のとる値が1つに定まり，

$$y(t) = y_0 e^{-\lambda(t-t_0)}$$

---

3)　比例定数 k は，（生物の）内的増殖率とよばれているパラメータであり，個体数の指数関数的成長の様子を知るうえで重要な役割をもつ．一方，資源には常に限りがあるため，生物個体が限りなく増大するということは現実的でない．個体数の長時間変化を考える場合にはマルサス（成長）モデルは不適切であり，通常別の成長モデルを用いる．

である.ここで $-\lambda < 0$ であるから,解は単調減少し,最終的に $t \to \infty$ で 0 に収束する.

●**注意** 放射性物質の場合,

$$y(t_0 + T) = \frac{1}{2} y(t_0)$$

を満たす $T > 0$ を半減期とよぶ.解 $y = y_0 e^{-\lambda(t-t_0)}$ を用いて計算すると,半減期 T は次で与えられる:

$$T = \frac{\log 2}{\lambda}.$$

次に,2 階微分方程式の数理モデルの例について考える.ここでは,微分方程式の伝統的なアプローチに従い,ニュートンの運動方程式を取り上げる.話を簡単にするため,物体の運動は地平に対して垂直な,高さ方向 z のみに限定された場合を考える.物体を質量 m の質点とみなしたときの(z 方向の)運動方程式は

$$m \frac{d^2 z}{dt^2} = F \tag{1.2.1}$$

によって与えられる.ここで,2 次導関数は物体の加速度(の z 成分),F は物体にかかる力(の z 成分)を表し,(1.2.1) は位置 $z = z(t)$ に関する 2 階微分方程式である.

○**例 1.2.3** 以下,考える運動方程式 (1.2.1) については,あらかじめ両辺を m で割った形のものを考える:

$$\frac{d^2 z}{dt^2} = \frac{F}{m}.$$

z 軸の原点を適当に定め,物体にかかる力を t や z などを用いて具体的に与えると運動方程式が定まる.

(a) 重力による自由落下: $F = -mg$(g は重力加速度)

$$\frac{d^2 z}{dt^2} = -g. \tag{1.2.1a}$$

(b) 重力および速度抵抗: $F = -\gamma \frac{dz}{dt} - mg$($\gamma > 0$ は抵抗係数)

$$\frac{d^2 z}{dt^2} = -g - \frac{\gamma}{m} \frac{dz}{dt}. \tag{1.2.1b}$$

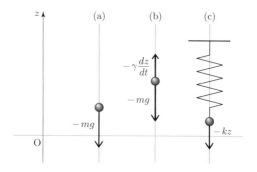

図 **1.2**　例 1.2.3 (a)-(c) の各運動において質点に作用する力. ただし, (c) では重力と復元力のつり合う位置を原点としている.

(c) 復元力による単振動：$F = -kz$　($k > 0$ はバネ係数)

$$\frac{d^2 z}{dt^2} = -\frac{k}{m}z. \tag{1.2.1c}$$

　例 1.2.3 における 3 つの方程式のうち, (1.2.1a) は両辺を 2 回積分することで, C_1, C_2 を任意定数として一般解を表すことができる：

$$z(t) = -\frac{1}{2}gt^2 + C_1 t + C_2.$$

また, (1.2.1c) については, 例 1.1.2 と同等の方程式であることがわかるであろう. このときの一般解は,

$$z(t) = C_1 \cos\sqrt{\frac{k}{m}}t + C_2 \sin\sqrt{\frac{k}{m}}t$$

であり, 振動運動を表すことがわかる. 2 つの運動方程式から得られる運動の特性は物理的に異なっているが, いずれの方程式も数学的には**線形微分方程式**とよばれる共通のバックボーンをもち, 一定の手続きによって解を求められることが知られている. 線形微分方程式の解法は, 本書における重要な主題の一つである.

　この他にも, 2 階微分方程式は電気回路の問題や弾性体の形状問題などの数理モデルを表し, 理工系のさまざまな分野において密接に関係している.

●**注意**　方程式 (1.2.1b) については, 着目する時間の関数を位置 z から速度, すなわち

$$v = \frac{dz}{dt}$$

に取り換えることで, v に関する 1 階微分方程式として書き直すことができる:

$$\frac{dv}{dt} = -g - \frac{\gamma}{m}v.$$

微分方程式の解法では, しばしばこのようなテクニックを用いることがある.

●**注意**　運動方程式を物理学の問題に応用するとき, 初期時刻における初期位置, および初期速度を与えることで物体の実際の運動が定まることが知られている. すなわち, 2 階微分方程式についての初期値問題を考えるときには, 解を 1 つに定めるために次の形の初期条件を与えることが必要となる:

$$z(t_0) = z_0, \quad z'(t_0) = v_0.$$

これは上で紹介したように, 2 階微分方程式の一般解が 2 つの任意定数を含むことと密接な関係がある.

　通常, 現象から数理モデルを導出する際には, モデルを構成するための要素（物理量）は複数個存在し, また, 各要素間に成立する量的関係も複数個存在する. 微分方程式と解について考える際にも, 未知関数の個数および方程式の本数がともに複数である場合をあらかじめ想定しておくのが自然な考えである. 複数の未知関数に対する微分方程式の組が与えられたとき, これを**連立微分方程式**とよぶ. ここでは, 連立微分方程式の例を 1 つだけあげておこう.

○**例 1.2.4**　生物個体群の人口動態の分野においては, 例 1.2.1 で導出したマルサスモデルをはじめ, さまざまな微分方程式による数理モデルが応用されている. ここでは, ある環境に 2 種の生物が同時に生息する場合について考える. 2 種類の生物を X と Y, その時刻 t における個体数をそれぞれ $x(t)$ および $y(t)$ で表すとき, マルサス的成長を念頭に構築されるもっともシンプルな 2 種人口モデルは次の形で与えられる:

$$\begin{cases} \dfrac{dx}{dt} = ax + by, \\[2mm] \dfrac{dy}{dt} = cx + dy. \end{cases} \tag{1.2.2}$$

ここで, a, b, c, d は定数である. 第 1 式だけに着目して, $b = 0$ あるいは $y(t) = 0$ とした場合,

$$\frac{dx}{dt} = ax$$

となり，これは X が単独で生息する場合のマルサスモデルとなっている．同様に，第 2 式において $c = 0$ あるいは $x(t) = 0$ とすれば，Y に関するマルサスモデルが得られる．したがって，定数 a, d は各生物種 X, Y に対する成長率に相当する．一方，定数 b, c は，2 種 X, Y 間の相互の関係を表すパラメータであり，その符号の組合せによって，X, Y 間の生物学的関係を特徴づけられる：

- 共生関係：$b > 0, c > 0$ の場合，
- 競争関係：$b < 0, c < 0$ の場合，
- 捕食・被食関係：$b < 0, c > 0$（あるいは $b > 0, c < 0$）の場合．

例 1.2.3 による個体数変動がどのようになるかは，定数 a, b, c, d の相互の関係によって決定される．

●注意　実は (1.2.2) より，うまく変数 y を消去することで，x に関する 2 階微分方程式を得ることができる．実際に，第 1 式を t で微分すると，

$$\frac{d^2x}{dt^2} = a\frac{dx}{dt} + b\frac{dy}{dt}$$

となるので，この式の右辺において第 2 式，さらに再び第 1 式を用いて y に関する項を消去すれば

$$\frac{d^2x}{dt^2} - (a - d)\frac{dx}{dt} + (ad - bc)x = 0$$

が得られる．特に $a = d$ かつ $ad - bc > 0$ のとき，これは (1.1.1) や (1.2.1c) と同等であり，したがって，2 種人口モデルにおいても振動現象が観察される．

1.3　微分方程式の基礎事項

ここで，微分方程式と解に関する用語について改めてまとめておく．本書全体をとおして，変数は実数値をとるものとし，独立変数として x あるいは t を，未知関数（従属変数）として $y, z, \ldots$ を用いる．微分方程式では，y が x の関数であることをしばしば $y = y(x)$ と表す．一般に，$y(x)$ を x の未知関数とするとき，$x, y(x), y'(x), \ldots, y^{(n)}(x)$ が満たす関係式

$$F(x, y, y', \ldots, y^{(n)}) = 0 \tag{1.3.1}$$

のことを**微分方程式**という[4].

　微分方程式に含まれる高次導関数のうち，最高次数を微分方程式の**階数**という．階数が n の微分方程式を **n 階微分方程式**という．微分方程式の分類において，まずはじめに階数に着目することが重要である．というのは，微分方程式の階数が解全体の性質を大きく特徴づけるからである．n 階微分方程式 (1.3.1) のうち，最高階である n 次導関数 $y^{(n)}$ について陽的に表せるもの，すなわち

$$y^{(n)} = f(x, y, y', \ldots, y^{(n-1)})$$

の形で与えられるものを**正規型**，正規型でないものを**非正規型**の微分方程式という．

○**例 1.3.1**　(1) $y'' + (y')^2 = xy^3$ は 2 階の正規型微分方程式である．
(2) $(y')^2 = xy^3$ は 1 階の非正規型微分方程式である．
(3) $(y')^3 = y^3$ は 1 階の非正規型微分方程式である．ただし，これは正規型微分方程式 $y' = y$ と同値である．

　次に解の用語について整理しよう．与えられた微分方程式に対して，階数と等しい個数の任意定数を含んだ形の解があるとき，これを微分方程式の**一般解**という．すなわち n 階微分方程式の一般解は，n 個の任意定数を含む．一般解において，各任意定数の値を 1 つに定めることで得られる個々の解を**特殊解**あるいは単に**特解**とよぶ[5].

○**例 1.3.2**　1 階正規型微分方程式 $y' = y^2 + 1$ について考える．
(1) $y = \tan(x + C)$（C は任意定数）とおくと，これは一般解である．
(2) $y = -\dfrac{1}{\tan x}$ とおくと，これは特殊解である（$C = \dfrac{\pi}{2}$).

○**例 1.3.3**　2 階正規型微分方程式 $y'' = y$ について考える．
(1) $y = C_1 e^x + C_2 e^{-x}$（C_1, C_2 は任意定数）とおくと，これは一般解である．
(2) $y = e^x + e^{-x}$ は特殊解である（$C_1 = C_2 = 1$).

---

　4)　より正確な表現として**常微分方程式**とよばれることがある．関係式に含まれる独立変数の個数が 2 つ以上存在する場合，関係式は**偏微分方程式**とよばれる．本書では，偏微分方程式は扱わず，常微分方程式のことを単に微分方程式とよぶことにする．

　5)　一般解に対する個々の解を特殊解とよぶだけであり，必ずしも「スペシャル」な性質をもつというわけではない．

　微分方程式を**解く**とは，微分方程式の解をすべて求めることを表す．これは，微分方程式の一般解を得ることができればほぼ達成されるが，なかには例外的な形の解が存在する場合があり注意が必要である．微分方程式の解のうち，一般解の形で表せないものを微分方程式の**特異解**とよぶ．上の2つの例については，特異解は存在しない，つまり，すべての解は一般解の形に含まれることが知られている．

〇**例 1.3.4**　非正規型の微分方程式の解を調べるとき，正規型の場合と比べてやっかいな状況が起こりうる．

(1) $(y')^2 = -1$ を満たす解は存在しない．

(2) $(y')^2 = 1$ は $y' = 1$ または $y' = -1$ と同値であり，一般解は

$$y = x + C_1, \quad \text{および} \quad y = -x + C_2 \quad (C_1, C_2 \text{ は任意定数})$$

　で与えられる．

(3) $(y')^2 - xy' + y = 0$ は，一般解 $y = Cx - C^2$ （C は任意定数）以外に，次の特異解

$$y = \frac{x^2}{4}$$

　をもつことが知られている[6]．

　1階微分方程式の個々の（特殊）解 $y = y(x)$ について，xy-平面内におけるグラフのことを**解曲線**（あるいは**積分曲線**）とよぶ．このとき一般解は無数の解曲線の集まり（曲線群）に対応しており，個々の解曲線と定数 C の値が1対1に対応する．逆に，任意パラメータ C を含む1つの曲線群 $y = y(x, C)$ が与えられたとしよう．式の変形や微分計算を用いて C を消去した関係式が得られたとき，それは曲線群が満たす微分方程式である．

〇**例 1.3.5**　原点を中心とする円全体 $x^2 + y^2 = C$ （$C > 0$）が満たす微分方程式を導出しよう．関係式によって，y は x の陰関数として，$y = \pm\sqrt{C - x^2}$ として表すことができる．この式を x で微分すると

$$\frac{dy}{dx} = \pm\frac{-x}{\sqrt{C - x^2}}$$

---

　6)　**クレーローの微分方程式**とよばれており，一般解と特異解を一定の手続きによって求める解法が存在するが本書では扱わない．

$$= \frac{-x}{\pm\sqrt{C - x^2}}$$
$$= -\frac{x}{y}.$$

最後の項は C を含まない[7]．したがって，任意の $C > 0$ の場合に曲線群が満たす微分方程式 $\dfrac{dy}{dx} = -\dfrac{x}{y}$ が得られる．

1.4　初期値問題の解の存在と一意性

関数 $y = y(x)$ に関する正規型の 1 階微分方程式の初期値問題

$$\begin{cases} \dfrac{dy}{dx} = f(x, y), \\ y(a) = b \end{cases} \tag{1.4.1}$$

について考える．関数 $f(x, y)$ は一般的なものであるとし，ひとまず xy-平面内のある領域において定義された連続関数とする．（前節で述べた）幾何学的観点にもどると，(1.4.1) の解曲線とは，(1.4.1) の微分方程式が定める曲線群のうち点 (a, b) を通るものにほかならない．このとき (1.4.1) の右辺の関数 $f(x, y)$ は，解曲線上の任意の点における接線の傾きと一致しており，逆に，これを規定するものとしてあらかじめ xy-平面上で定義されているものとみなせる．場の概念になぞらえ，平面の各点に解曲線の接線の傾き $f(x, y)$ を表すベクトルが与えられている平面を，正規型の微分方程式に対する**方向場**とよぶ（図 1.3 を参照）．

さて，初期値問題 (1.4.1) の解は，x の連続関数として，またただ 1 つの解として定まることが要求される．このとき対応する解曲線はただ 1 本の連続曲線であり，途中で枝分かれを起こすようなことはない．このような幾何学的な観点あるいは物理的な考察から，上で述べた要求そのものは自然なものである．その一方，**解の一意存在性**とよばれる解析学の問題として，これは必ずしも自明な事実ではない．実際，$f(x, y)$ が単に連続関数であるとする仮定のもとでは，解の一意存在性，特に解の一意性は必ずしも保証されない．

---

7)　陰関数の微分法を用いて $x^2 + y^2 = C$ を x で微分しても，定数 C を含まない同じ関係式を得ることができる．

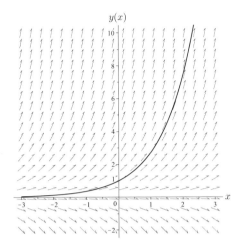

図 1.3 $y' = y$, $y(0) = 1$ の解曲線（$y(x) = e^x$）と微分方程式の方向場

　初期値問題の解の一意存在性を保証するためには，専門的には関数 $f(x, y)$ の変数 y に対する依存性の度合が本質的であることが知られている．本書ではその詳細には立ち入らないことにし，$f(x, y)$ が満たす条件として，連続性よりも良い性質をもった，扱いやすい条件を満たすときの基本定理として述べることにする．

定理 1.4.1（初期値問題の局所解の存在と一意性） 関数 $f(x, y)$ は xy-平面内のある領域 Ω において定義された連続関数とし，さらに $\dfrac{\partial f}{\partial y}(x, y)$ が Ω 上の有界な連続関数であると仮定する．

　点 (a, b) を Ω 内の 1 点とするとき，初期値問題 (1.4.1) を満たす解 $y = y(x)$ が $x = a$ の「十分近く」で定義され（このとき $y(x)$, $y'(x)$ はともに x について連続），かつこれ以外の解は存在しない．

　定理 1.4.1 における解は，初期値問題の**局所解**とよばれている．これは初期値問題の解において，常に解の定義域を広くとることができない場合があることを暗示している．特に方向場 $f(x, y)$ が xy-平面の全域において定義されている場合についても，ある x_* において $y(x) \to \infty$ $(x \to x_*)$ となるなど，x_* を超えて解を連続関数として延長することが不可能な場合が頻繁に起こる．（このことを一般に**解の爆発**という．）

○**例 1.4.1** 1階微分方程式の初期値問題 $y' = y^2 + 1$, $y(0) = 0$ について考える（例1.3.2を参照）．初期条件と方程式を満たす関数は $y = \tan x$ であるが

$$\lim_{x \to \frac{\pi}{2} - 0} y(x) = \infty, \qquad \lim_{x \to -\frac{\pi}{2} + 0} y(x) = -\infty$$

であるので，初期値問題の解の定義域（解が連続関数として定まる区間）は $-\frac{\pi}{2} < x < \frac{\pi}{2}$ である（図1.4を参照）．$x_* = \pm\frac{\pi}{2}$ を超えて連続関数として延長することはできない．

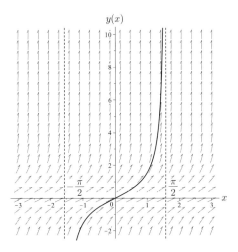

図 1.4 $y' = y^2 + 1$, $y(0) = 0$ の解曲線（$y(x) = \tan x$）と微分方程式の方向場．点線は直線 $x = \frac{\pi}{2}$ および直線 $x = -\frac{\pi}{2}$ を表す．

2

1階微分方程式

本章では，1階微分方程式の一般解および初期値問題の解を，積分を利用して求める方法を学ぶ．これは求積法とよばれ，数ある微分方程式の解法のなかでもっとも基本となるものである．求積法は基本的にケーススタディである．解きたい方程式の形をよく見きわめて，形に応じた式変形，および変数変換などを行うことが解法におけるポイントとなる[1]．本書では，正規型の微分方程式の解法を主に扱うことにし，非正規型の方程式の解法については割愛する．また，1階線形微分方程式の解法一般については，第3章で重点的に扱うことにする．

2.1 変数分離形

次の形の微分方程式を**変数分離形**とよぶ：

$$\frac{dy}{dx} = f(x)g(y). \tag{2.1.1}$$

ここで f, g はそれぞれ変数 x および変数 y に関する式（関数）であり，通常はそれぞれある開区間上で定義された連続関数とする．

○例 **2.1.1** 変数分離形とそうでないものの例を以下にあげる．

(1) 変数分離形：
$$\frac{dy}{dx} = \frac{x}{y}, \quad \frac{dy}{dx} = e^{x+y}, \quad \frac{dy}{dx} = \sin(x+y) + \sin(x-y) \text{ など.}$$

(2) 変数分離形でないもの：
$$\frac{dy}{dx} = x + y, \quad \frac{dy}{dx} = \log xy, \quad \frac{dy}{dx} = e^{xy} \text{ など.}$$

---

1) その一方で，求積法で解を求めることが理論的に不可能である微分方程式というものが知られている．実は，1階微分方程式に限っても，解くことが不可能な場合のほうが圧倒的に多い．

　変数分離形 (2.1.1) は特別な場合として次の形を含む：

$$\frac{dy}{dx} = f(x), \tag{2.1.1a}$$

$$\frac{dy}{dx} = g(y). \tag{2.1.1b}$$

（ただし都合のため $g(y) \neq 0$ とする．）方程式 (2.1.1a) の一般解は

$$y = \int f(x)\,dx + C \quad （C は任意定数）$$

である．一方，(2.1.1b) については，両辺を x で積分する，あるいは y で積分するだけでは解を得ることができない[2]．

　変数分離形 (2.1.1) の一般解の解法を述べよう．まずは，dx と dy を独立した量のように扱えると仮定，さらに $g(y) \neq 0$ とし，(2.1.1) を次のような形に変形しよう：

$$\frac{1}{g(y)}\,dy = f(x)\,dx. \tag{2.1.2}$$

このような形式的な式変形は求積法で便利であり，今後もしばしば用いることとする[3]．両辺をそれぞれの変数で積分し，任意定数 C を考慮すると

$$\int \frac{1}{g(y)}\,dy = \int f(x)\,dx + C \tag{2.1.3}$$

が得られる．関係式 (2.1.3) は変数分離形の一般解の満たす関係式である[4]．関係式を y について解くことで解を具体的に表す式が得られる．

●注意　関係式 (2.1.3) を「正しく」導出するには，(2.1.2) に対応する本来の等式

---

　2)　方程式 (2.1.1b) を解くための考え方の一つは，$y = y(x)$ の逆関数に着目することである．このとき逆関数の微分法より

$$\frac{dx}{dy} = \frac{1}{\frac{dy}{dx}} = \frac{1}{g(y)}$$

となる．この両辺を積分すれば

$$x = \int \frac{1}{g(y)}\,dy + C \quad （C は任意定数）$$

となる．得られた逆関数の式を改めて変数 y について解きなおすことにより，(2.1.1b) の一般解が求められる．ただし，以下に述べる変数分離形の解法を覚えれば十分である．

　3)　この等式は，数学的には「微分形式」という新しい概念により意味づけされる．あるいは，（特に物理学では）dx, dy を微小量と考え，微小量間の関係とみなされる．

　4)　この時点では変数 x, y の対応が関係式により間接的に定められているにすぎない．このとき一般に y は x の**陰関数**であるという．

$$\frac{1}{g(y(x))}y'(x) = f(x)$$

を x で積分し,

$$\int \frac{1}{g(y(x))}y'(x)\,dx = \int f(x)\,dx + C$$

の左辺を変数変換 $y = y(x)$ によって置換積分すればよい.

一方, (2.1.1) の右辺が 0 になる場合を考えよう. 変数 y に関する方程式

$$g(y) = 0$$

が解 $y = b$ をもつとき, 直接計算より (x に関する) 定数関数 $y = b$ は (2.1.1) を満たすことがわかる. 定数解が特異解となるか特殊解(一般解の一部)となるかは一般解の表し方によって決まる.

以上より, 一般解と定数解を合わせることにより変数分離形の解がすべて求められる. 実際に変数分離形を解くときの手順および注意点をまとめておこう.

変数分離形の解法.

[0] 定数解を求める(これは最後に行ってもよい).

[1] 一般解の公式の両辺の積分を計算し, 関係式を具体的に求める.

[2] 関係式を y について解き, 一般解の表示式を簡単にする. このとき, 必要に応じて, 式変形ごとに任意定数をとり直す. また, 可能ならば, 定数解が一般解に含まれるような表し方を選ぶ.

○**例 2.1.2** 第 1 章で導入した $\dfrac{dy}{dx} = ky$ $(k \neq 0)$ は変数分離形である. これを解こう. はじめに, 定数解として $y = 0$ が得られることに注意する.

次に一般解を求めよう. $y \neq 0$ と仮定すれば,

$$\frac{1}{y}\,dy = k\,dx$$

であるから, 一般解の関係式は C_1 を任意定数として

$$\int \frac{1}{y}\,dy = k\int dx + C_1$$

である. 両辺の積分を計算して,

$$\log|y| = kx + C_1$$

が一般解の満たす関係式である.

最後に関係式を y について解く. 指数関数と対数関数の関係より,

$$|y| = e^{kx+C_1} = e^{C_1} e^{kx}$$

となり, 絶対値をとると,

$$y = \pm e^{C_1} e^{kx} = C_2 e^{kx}$$

となる. ただし $C_2 = \pm e^{C_1}$ であり, これは 0 以外の任意の値をとる定数である. このとき, $C_2 = 0$ の場合も考えることで, 定数解 $y = 0$ を一般解 (の表示式) に含めることができる.

以上より, C を任意定数として微分方程式の解は $y = Ce^{kx}$ により与えられる.

例題 2.1.1 次の 1 階微分方程式を解け.

(1) $\dfrac{dy}{dx} = \dfrac{x+1}{y}$

(2) $\dfrac{dy}{dx} = e^{x+2y}$

(3) $\dfrac{dy}{dx} = y^2 - y$

[解答] (1) 微分方程式を満たす定数解は存在しない. 次に, 変数分離形を変形し,

$$y\,dy = (x+1)\,dx$$

となる. これより,

$$\int y\,dy = \int (x+1)\,dx$$

となるので, 両辺の積分を計算すると,

$$\frac{1}{2}y^2 = \frac{(x+1)^2}{2} + C_1 \quad (C_1 は任意定数)$$

が一般解の満たす関係式である.

これを y について解く. 任意定数を $C = 2C_1 + 1$ とおき直して,

$$y^2 = x^2 + 2x + C$$

となる. 以上より, 求める解は

$$y = \pm\sqrt{x^2 + 2x + C} \quad (C は任意定数)$$

である.

(2) 微分方程式を満たす定数解は存在しない. 次に, 変数分離形を変形し,

$$e^{-2y}\,dy = e^x\,dx$$

となる. これより,

$$\int e^{-2y}\,dy = \int e^x\,dx$$

となるので, 両辺の積分を計算すると,

$$-\frac{1}{2}e^{-2y} = e^x + C_1 \quad (C_1は任意定数)$$

が一般解の満たす関係式である.

これを y について解く. $C = -2C_1$ とおき直して,

$$e^{-2y} = C - 2e^x$$

となる. 以上より, 求める解は

$$y = -\frac{1}{2}\log(C - 2e^x) \quad (C\,は任意定数)$$

である.

(3) $y^2 - y = y(y-1)$ に注意すると, 定数解は $y = 0$ と $y = 1$ である. 次に, 変数分離形を変形し,

$$\frac{1}{y(y-1)}\,dy = dx$$

となる. これより,

$$\int \frac{1}{y(y-1)}\,dy = \int dx + C_1 \quad (C_1は任意定数)$$

を得る. 左辺の有理関数について, 部分分数分解を用いて積分を計算し, 項をまとめると

$$\log\left|\frac{y-1}{y}\right| = x + C_1$$

が一般解の満たす関係式である.

これを y について解く. 新しい任意定数を $C_2 = \pm e^{C_1}\,(\neq 0)$ とおくと,

$$\frac{y-1}{y} = C_2 e^x$$

であるので,

$$y = \frac{1}{1 - C_2 e^x} \tag{2.1.4}$$

となる. ただし, C_2 は 0 以外の任意の値をとる定数である. このとき, $C_2 = 0$ の場合も考えることで, 定数解 $y = 1$ を一般解（の表示式）に含めることができる. 以上より, 求める解は

$$y = \frac{1}{1 - Ce^x} \quad （C は任意定数）, \quad および \quad y = 0$$

である（図 2.1 を参照）.   ■

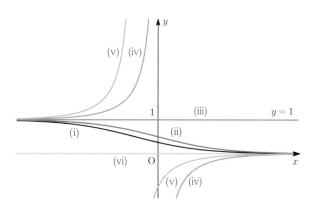

図 **2.1** 例題 2.1.1 (3) の方程式の一般解において, (i) $C = -2$, (ii) $C = -1$, (iii) $C = 0$, (iv) $C = 1$, (v) $C = 2$ のとき, および (vi) （特異）解 $y = 0$ $(C \to \infty)$ のグラフ.

●**注意**　例題 2.1.1 (3) において, 定数解 $y = 1$ は一般解に含まれ, $y = 0$ は $C \to \infty$ の場合に相当する. 一方, 上記の解答とは異なる一般解の表示式を与えることができる. 実際に, (2.1.4) の代わりに $C_3 = \dfrac{1}{C_2}$ とすれば,

$$y = \frac{1}{1 - \frac{1}{C_3} e^x} = \frac{C_3}{C_3 - e^x}$$

が別の表し方となる. この表し方のもとでは, $C_3 = 0$ として定数解 $y = 0$ が含まれ, $C_3 \to \infty$ としたとき $y = 1$ となる. このように, 一般解の表し方によっては特殊解とみなせる解は, 慣習的に特異解として扱われない場合もある.

例題 **2.1.2**　関数 $y(t)$ について, 次の初期値問題を解け.

$$\frac{dy}{dt} = 1 - y^2, \quad y(0) = 0$$

[**解答**]　まず，定数解は $y = 1$ または $y = -1$ であり，これらは初期条件を満たさないため，解ではない[5]．

次に一般解を求める．変数分離して両辺を積分すると，

$$-\frac{1}{2} \log \left| \frac{y-1}{y+1} \right| = t + C \quad （C は任意定数）$$

が一般解の満たす関係式となる．ここで，初期条件より $t = 0$ および $y = 0$ を関係式に代入すると，$C = 0$，すなわち初期値問題の解について，

$$-\frac{1}{2} \log \left| \frac{y-1}{y+1} \right| = t$$

が成り立つ．これを y について解けばよい．

$$\left| \frac{y-1}{y+1} \right| = e^{-2t}$$

より，

$$\frac{y-1}{y+1} = \pm e^{-2t}$$

である．初期条件 $y(0) = 0$ により正の符号の場合は不適，すなわち，

$$\frac{y-1}{y+1} = -e^{-2t}$$

が成り立つ．これをさらに整理し，y について解くと，求める解は次のようになる：

$$y = \frac{1 - e^{-2t}}{1 + e^{-2t}}. \qquad ■$$

●**注意**　例題 2.1.2 の解は次のように双曲線関数を用いて表すことができる：

$$y = \frac{e^t - e^{-t}}{e^t + e^{-t}} = \tanh t.$$

演習問題

2.1.1　次の 1 階微分方程式を解け．

(1) $\dfrac{dy}{dx} = -\dfrac{y^2}{x}$ 　　(2) $\dfrac{dy}{dx} = xy - x + 2y - 2$

(3) $\dfrac{dy}{dx} = xe^{x-y}$ 　　(4) $\dfrac{dy}{dx} = \tan y$

---

5)　定数解が初期条件を満たすときは，それが初期値問題の解となる．

2.1.2 微分方程式 $\dfrac{dy}{dx} = f(ax+by+c)$ $(a \neq 0,\, b \neq 0,\, c\,は実数)$ は $u = ax+by+c$
とおくことにより，変数 $u = u(x)$ に関する変数分離形に変形されることを示せ．また，
これを利用して，微分方程式 $\dfrac{dy}{dx} = (x+y)^2$ を解け．

2.1.3 $k > 1$ とする．関数 $y(t)$ について，次の初期値問題を解け．

$$\frac{dy}{dt} = ky - y^2, \quad y(0) = 1.$$

2.1.4 関数 $y(t)$ について，次の初期値問題を解け．ただし，解の定義域は y が連続関
数となる範囲とする[6]．

$$\frac{dy}{dt} = y + y^3, \quad y(0) = 1.$$

2.1.5 $g > 0,\, k > 0$ とする．関数 $z(t)$ に対する 2 階微分方程式

$$z''(t) = -g - kz'(t)$$

について，次の問いに答えよ（第 1 章 (1.2.1b) およびその注意を参照）．

(1) $v(t) = z'(t)$ とおく．関数 $v(t)$ が満たす変数分離形を導け．

(2) (1) の変数分離形を解き，$v(t)$ および $z(t)$ を求めよ．

(3) 初期条件 $z(0) = 0,\, z'(0) = 0$ のもとで，$v(t)$ および $z(t)$ のグラフの概形を描け．

なお，関係式 (2.1.3) が複雑な形となる場合，微分方程式の解を $y = y(x)$ の
ように直接書き下すことができないことがある．むしろそのような場合のほう
が一般的であり，求積法では x, y の関係式自体が微分方程式の解であると考え
ることが多い．次節以降の微分方程式の求積法では，そのような場合について
も扱うことにする．

2.2 同次形

変数分離形でない 1 階微分方程式が与えられたとき，これを解くためのアイ
デアは大きく分けて 2 つになる．

- 適当な**変数変換**（独立変数の変換，従属変数の変換，またはその両方）を
用いて変数分離形の微分方程式に帰着させる（演習問題 2.1.2 を参照），

---

[6] 第 1 章で述べたように，初期値問題では，解 $y(t)$ がある時刻 $T_* > 0$ において発散すると
き，$T_* > 0$ を超えて解を延長することはできない．負の時刻の場合についても同様である．

● 別のタイプの微分方程式の解法を利用する（全微分方程式の方法，定数変化法など）.

微分方程式の求積法においては，いずれの場合についても与えられた微分方程式の形（型，あるいはタイプ）を適切に見定めることが重要である．本節では，前者の場合について考える.

1 階微分方程式がある 1 変数関数 f によって，

$$\frac{dy}{dx} = f\left(\frac{y}{x}\right) \tag{2.2.1}$$

と表されるとき，**同次形**であるという.

○例 **2.2.1**　(1) $\dfrac{dy}{dx} = \dfrac{x-y}{x+y}$ について，$x \neq 0$ のとき，

$$\frac{x-y}{x+y} = \frac{1 - \frac{y}{x}}{1 + \frac{y}{x}}$$

と表せるので，この方程式を同次形の方程式に帰着させることができる.

(2) $\dfrac{dy}{dx} = \dfrac{xy}{x^2 - y^2}$ について，$x \neq 0$ のとき，

$$\frac{xy}{x^2 - y^2} = \frac{\frac{y}{x}}{1 - \left(\frac{y}{x}\right)^2}$$

と表せるので，この方程式を同次形の方程式に帰着させることができる.

同次形の解法について述べよう．従属変数の変換 $u = \dfrac{y}{x}$ を行い，新たな未知関数を $u = u(x)$ とする．このとき，

$$y = xu, \quad \frac{dy}{dx} = u + x\frac{du}{dx}$$

であるから，(2.2.1) より u に関する微分方程式

$$u + x\frac{du}{dx} = f(u)$$

が得られる．これを $\dfrac{du}{dx}$ について整理すると，変数分離形

$$\frac{du}{dx} = \frac{1}{x}(f(u) - u) \tag{2.2.2}$$

が得られる．よって，変数分離形の解法を用いて解 $u = u(x)$（が満たす関係式）が求められる．最後に，ふたたび $y(x) = xu(x)$ により，同次形の解 $y = y(x)$

（が満たす関係式）が得られる．このとき，変数分離形 (2.2.2) が定数解 $u = b$ をもてば，対応する同次形 (2.2.1) が直線解 $y = bx$ をもつことがわかる．

同次形の解法.

[1] $u = \dfrac{y}{x}$ とおき，変数 u に関する変数分離形を導く．

[2] u に関する変数分離形の解を x, u の関係式として表す．

[3] $y = xu$ を用いて同次形の解を x, y の関係式として表す．

例題 2.2.1 次の 1 階微分方程式を解け．

(1) $\dfrac{dy}{dx} = \dfrac{x^2 + y^2}{xy}$

(2) $(x - y)\dfrac{dy}{dx} = x + y$

[解答] (1) $\dfrac{dy}{dx} = \dfrac{x}{y} + \dfrac{y}{x}$ より同次形である．$u = \dfrac{y}{x}$ とおくと，$\dfrac{dy}{dx} = u + x\dfrac{du}{dx}$ であるから，

$$u + x\frac{du}{dx} = \frac{1}{u} + u.$$

これを整理して，変数分離形

$$\frac{du}{dx} = \frac{1}{xu}$$

が得られる．両辺を積分すれば，C_1 を任意定数として，u についての一般解

$$\frac{1}{2}u^2 = \log|x| + C_1$$

を得る．また，この変数分離形には定数解が存在しない．この u についての一般解を u について解くと，$C = 2C_1$ を新たな任意定数として，

$$u = \pm\sqrt{2\log|x| + C}.$$

以上より，同次形の解 y は次で与えられる：

$$y = \pm x\sqrt{2\log|x| + C} \quad (C \text{ は任意定数}).$$

(2) $\dfrac{dy}{dx} = \dfrac{x + y}{x - y}$ より同次形である．$u = \dfrac{y}{x}$ とおくと，$\dfrac{dy}{dx} = u + x\dfrac{du}{dx}$ であるから，

$$u + x\frac{du}{dx} = \frac{1 + u}{1 - u}.$$

これを整理して，変数分離形

$$\frac{du}{dx} = \frac{1}{x} \cdot \frac{1+u^2}{1-u}$$

が得られる．これを変数分離して両辺を積分すると，

$$\int \frac{1}{1+u^2}\, du - \int \frac{u}{1+u^2}\, du = \int \frac{1}{x}\, dx + C \quad (C\text{ は任意定数}),$$

すなわち，

$$\tan^{-1} u - \frac{1}{2}\log(1+u^2) = \log|x| + C$$

が得られる．また，この変数分離形には定数解が存在しない．

最後に $y = xu$ を用いて，この解を x, y の関係式として表す．ここで，

$$\begin{aligned}
\frac{1}{2}\log(1+u^2) &= \frac{1}{2}\log\left(\frac{x^2+y^2}{x^2}\right) \\
&= \frac{1}{2}\left(\log(x^2+y^2) - \log x^2\right) \\
&= \frac{1}{2}\log(x^2+y^2) - \log|x|
\end{aligned}$$

に注意すると，問題の同次形の解は次で与えられる：

$$\tan^{-1}\frac{y}{x} - \frac{1}{2}\log(x^2+y^2) = C \quad (C\text{ は任意定数}). \qquad \blacksquare$$

1 変数関数 f，および定数 a, b, c, d, p, q について，次の 1 階微分方程式

$$\frac{dy}{dx} = f\left(\frac{ax+by+p}{cx+dy+q}\right) \tag{2.2.3}$$

（ただし $ad - bc \neq 0$ とする）は同次形ではないが，独立変数と従属変数の変換により同次形に帰着させることができる．

$$\begin{cases} u = x - x_0, \\ v = y - y_0 \end{cases}$$

とおく．ただし，x_0, y_0 は次の連立 1 次方程式の解である：

$$\begin{cases} ax + by + p = 0, \\ cx + dy + q = 0. \end{cases}$$

上記の新しい変数 u, v について，

$$au + bv = ax + by + p, \quad cu + dv = cu + dv + q,$$

および，

$$\frac{dv}{du} = \frac{dy}{dx}$$

が成り立つので，関数 $v = v(u)$ に関する微分方程式は

$$\frac{dv}{du} = f\left(\frac{au + bv}{cu + dv}\right) \tag{2.2.4}$$

となり，これは同次形である．以上より，$w = \dfrac{v}{u}$ とおいて同次形 (2.2.4) を解くことにより u と v の関係式が得られ，ふたたび変数変換により x, y の関係式として微分方程式 (2.2.3) の解が求まる．

例題 2.2.2 次の 1 階微分方程式を解け．

$$\frac{dy}{dx} = \frac{2x + y - 4}{x + 2y + 1}$$

［解答］ まず，同次形の方程式に直す．連立 1 次方程式

$$\begin{cases} 2x + y - 4 = 0, \\ x + 2y + 1 = 0 \end{cases}$$

を解くと，$x = 3$, $y = -2$ である．これより新たな独立変数 u, 従属変数 v を

$$u = x - 3, \quad v = y + 2$$

により定めると，関数 $v = v(u)$ は次の同次形を満たす：

$$\frac{dv}{du} = \frac{2u + v}{u + 2v}.$$

したがって，$w = \dfrac{v}{u}$ とおいて，従属変数を v から w にとり直すと，関数 $w = w(u)$ に関する変数分離形

$$\frac{dw}{du} = \frac{1}{u} \cdot \frac{2(1 - w^2)}{1 + 2w} \tag{2.2.5}$$

が得られる．これは定数解 $w = \pm 1$ をもつことに注意する．

変数分離形 (2.2.5) の両辺を整理し，積分すると，

$$-\frac{1}{2} \int \frac{1}{w^2 - 1}\, dw - \int \frac{w}{w^2 - 1}\, dw = \int \frac{1}{u}\, du$$

より，一般解が満たす関係式は C_1 を任意定数として，次のようになる：

$$-\frac{1}{4}\log\left|\frac{w-1}{w+1}\right| - \frac{1}{2}\log|w^2 - 1| = \log|u| + C_1.$$

これを整理すると，

$$-\log\left|(w+1)(w-1)^3\right| = 4(\log|u| + C_1)$$

を得る．これを変形し，$C_2 = \pm e^{-C_1}\ (\neq 0)$ とすれば，次を得る：

$$u^4(w+1)(w-1)^3 = C_2.$$

ここで，(2.2.5) の定数解 $w = \pm 1$ は $C_2 = 0$ の場合に対応する．以上より，解 $w = w(u)$ を表す関係式は

$$u^4(w+1)(w-1)^3 = C \quad (C \text{ は任意定数})$$

である．さらに，$v = uw$ を用いると，この関係式は次のようになる：

$$(v+u)(v-u)^3 = C.$$

最後にこれを x, y の式に直すと，$y = y(x)$ を表す関係式は

$$(x+y-1)(y-x+5)^3 = C$$

である． ■

演習問題

2.2.1 次の 1 階微分方程式を解け．

(1) $\dfrac{dy}{dx} = \dfrac{y}{x} + \dfrac{y^2}{x^2}$　　(2) $\dfrac{dy}{dx} = \dfrac{x-2y}{2x+y}$

(3) $\dfrac{dy}{dx} = \dfrac{x^2+y^2}{2xy}$　　(4) $\dfrac{dy}{dx} = \dfrac{2xy}{x^2+y^2}$

2.2.2 次の 1 階微分方程式を解け．

$$\frac{dy}{dx} = \frac{3x+y-5}{x-3y-5}$$

2.3　全微分方程式 ────────────────────

1 階微分方程式

$$P(x,\,y) + Q(x,\,y)\frac{dy}{dx} = 0$$

について[7]，変数分離形の解法のときと同様に dx, dy を独立した記号として，

$$P(x,\,y)\,dx + Q(x,\,y)\,dy = 0 \tag{2.3.1}$$

と表すことができる．方程式 (2.3.1) を**全微分方程式**という．全微分方程式では，x と y を対等な変数として扱うことができ，2 変数関数に関する問題と対応づけが可能となる．これは（正規型の）1 階微分方程式を全微分方程式で表すことの利点の一つである．

　以下では，$P(x,\,y)$ および $Q(x,\,y)$ は xy-平面内のある領域 Ω において連続と仮定する．領域 Ω 上で定義された 2 変数関数 $\Phi = \Phi(x,\,y)$ で，Ω の各点 $(x,\,y)$ において

$$\frac{\partial\Phi}{\partial x}(x,\,y) = P(x,\,y), \quad \frac{\partial\Phi}{\partial y}(x,\,y) = Q(x,\,y) \tag{2.3.2}$$

を満たすものが存在するとき，全微分方程式 (2.3.1) は**完全形**であるという．

　条件 (2.3.2) より，完全形の全微分方程式は

$$\frac{\partial\Phi}{\partial x}(x,\,y)\,dx + \frac{\partial\Phi}{\partial y}(x,\,y)\,dy = 0$$

と表すことができ，左辺は 2 変数関数 Φ の全微分 $d\Phi$ である．

○**例 2.3.1** (1) 全微分方程式 $(2x + y)\,dx + (x - 2y)\,dy = 0$ について，

$$\Phi(x,\,y) = x^2 + xy - y^2$$

とおくと，

$$\frac{\partial\Phi}{\partial x}(x,\,y) = 2x + y, \quad \frac{\partial\Phi}{\partial y}(x,\,y) = x - 2y$$

となるので，この全微分方程式は完全形である．

(2) 変数分離形 $\dfrac{dy}{dx} = f(x)g(y)$（ただし $g(y) \neq 0$）を，解法に従って全微分方程式の形に表すと，

────────────────────

7)　これは正規型 $\dfrac{dy}{dx} = -\dfrac{P(x,\,y)}{Q(x,\,y)}$ と同値である．

$$-f(x)\,dx + \frac{1}{g(y)}\,dy = 0 \qquad (2.3.3)$$

となる．ここで，

$$\Phi(x,\,y) = -\int f(x)\,dx + \int \frac{1}{g(y)}\,dy$$

とおくことで，(2.3.3) は完全形となることがわかる．すなわち，変数分離形は完全形（全微分方程式）の特別な場合に相当する．

定理 2.3.1 全微分方程式 (2.3.1) が完全形であるとき，その一般解は

$$\Phi(x,\,y) = C \quad (C\text{ は任意定数})$$

である．

[証明] 関数 $y = y(x)$ を (2.3.1) の解の一つとし，条件 (2.3.2) を満たす関数 Φ に対して，

$$\varphi(x) = \Phi(x,\,y(x))$$

とおく．このとき，2 変数関数における合成関数の微分公式より，

$$\frac{d\varphi}{dx}(x) = \frac{\partial\Phi}{\partial x}(x,\,y(x)) + \frac{\partial\Phi}{\partial y}(x,\,y(x))\frac{dy}{dx}(x)$$

$$= P(x,\,y(x)) + Q(x,\,y(x))\frac{dy}{dx}(x)$$

$$= 0.$$

よって，$\varphi(x) = C_0$（C_0 は定数），すなわち $\Phi(x,\,y(x)) = C_0$ である．

逆に，任意の定数 C に対して $\Phi(x,\,y) = C$ を満たす陰関数 $y = y(x)$ を考える．等式

$$\Phi(x,\,y(x)) = C$$

の両辺を x で微分すると，上と同様にして

$$P(x,\,y(x)) + Q(x,\,y(x))\frac{dy}{dx}(x) = 0$$

であることがわかる．よって，$\Phi(x,\,y) = C$ を満たす陰関数 $y = y(x)$ は方程式 (2.3.1) の解である．

以上より，一般解は C を任意定数として，$\Phi(x,\,y) = C$ で与えられる．∎

●**注意** 定理 2.3.1 の証明は，完全形が特異解をもたないことを保証する．したがって，完全形を解くときは一般解のみを考えればよい．

　定理 2.3.1 より，完全形の一般解は 2 変数関数 Φ のグラフにより定められる
等高線全体を表すことがわかる．このとき，定数 C は等高線の高さを表してい
る[8]．

　以上により，全微分方程式 (2.3.1) が与えられたとき，これが完全形であれ
ば解を求めることができる．実際に (2.3.1) が完全形となるかどうかは次の定
理によって判定可能であり，さらに完全形であるとき Φ を構成することがで
きる．

定理 2.3.2　関数 $P(x, y)$ および $Q(x, y)$ は，xy-平面内のある単連結領域 Ω
において連続な偏導関数をもつと仮定する．全微分方程式 (2.3.1) が完全形で
あるための必要十分条件は，Ω 内の各点 (x, y) において，

$$\frac{\partial P}{\partial y}(x, y) = \frac{\partial Q}{\partial x}(x, y) \tag{2.3.4}$$

を満たすことである．さらに，この条件が成り立つとき，

$$\Phi(x, y) = \int_{x_0}^{x} P(t, y)\,dt + \int_{y_0}^{y} Q(x_0, s)\,ds \tag{2.3.5}$$

$$\left(\text{あるいは}\quad \Phi(x, y) = \int_{x_0}^{x} P(t, y_0)\,dt + \int_{y_0}^{y} Q(x, s)\,ds \right) \tag{2.3.6}$$

により，Φ を具体的に求めることができる．ただし，(x_0, y_0) は Ω 内の適当な
一点とする．

●**注意**　定理 2.3.2 における領域 Ω に関する仮定「単連結領域」とは，簡単に
説明すると，平面全体や長方形領域，円板領域などの穴のあいていない領域の
ことである．本書では詳細にはふれない．

●**注意**　定理 2.3.2 における Φ の公式 (2.3.5), (2.3.6) は**線積分**とよばれる概
念に対応する．線積分は，物理学においては仕事やエネルギーの計算に用いら
れる．

　［証明］　まず，(2.3.4) の必要性を示す．全微分方程式 (2.3.1) が完全形であ
るとき，(2.3.2) により，

$$\frac{\partial P}{\partial y}(x, y) = \frac{\partial}{\partial y}\left(\frac{\partial \Phi}{\partial x}(x, y) \right) = \frac{\partial^2 \Phi}{\partial y \partial x}(x, y),$$

---

8)　定数 C の値によっては，$\Phi(x, y) = C$ は孤立点や空集合となる場合がある．このようなと
き，関係式 $\Phi(x, y) = C$ は意味をもたない．

$$\frac{\partial Q}{\partial x}(x, y) = \frac{\partial}{\partial x}\left(\frac{\partial \Phi}{\partial y}(x, y)\right) = \frac{\partial^2 \Phi}{\partial x \partial y}(x, y)$$

である．ここで偏微分の順序交換により，

$$\frac{\partial^2 \Phi}{\partial y \partial x}(x, y) = \frac{\partial^2 \Phi}{\partial x \partial y}(x, y)$$

が成立することに注意すると，(2.3.4) が成り立つことがわかる．

次に (2.3.4) の十分性を示す．条件 (2.3.4) が成り立つとし，(2.3.5) によって関数 $\Phi = \Phi(x, y)$ を定める．このとき，微分積分学の基本定理により，

$$\frac{\partial \Phi}{\partial x}(x, y) = \frac{\partial}{\partial x}\int_{x_0}^{x} P(t, y)\,dt$$
$$= P(x, y)$$

が成立する．一方，積分と微分の順序交換，および (2.3.4) を用いると，

$$\frac{\partial \Phi}{\partial y}(x, y) = \frac{\partial}{\partial y}\int_{x_0}^{x} P(t, y)\,dt + \frac{\partial}{\partial y}\int_{y_0}^{y} Q(x_0, s)\,ds$$
$$= \int_{x_0}^{x} \frac{\partial P}{\partial y}(t, y)\,dt + Q(x_0, y)$$
$$= \int_{x_0}^{x} \frac{\partial Q}{\partial x}(t, y)\,dt + Q(x_0, y)$$
$$= \Big[Q(t, y)\Big]_{t=x_0}^{t=x} + Q(x_0, y)$$
$$= (Q(x, y) - Q(x_0, y)) + Q(x_0, y)$$
$$= Q(x, y)$$

である．以上より (2.3.2) が成立するので，(2.3.1) は完全形となり，十分性が示される．

また，Φ の表示式 (2.3.5) も同時に従う（(2.3.6) を用いた場合も同様）．　■

全微分方程式 (2.3.1) が完全形「でない」ときの解法を考えよう．恒等的に 0 でない関数 $M(x, y)$ を用いて新しい全微分方程式を次で定義する：

$$M(x, y)P(x, y)\,dx + M(x, y)Q(x, y)\,dy = 0. \tag{2.3.7}$$

このとき，(2.3.1) と (2.3.7) は同値な方程式であることに注意しよう．全微分方程式 (2.3.7) が完全形となるような $M(x, y)$ が存在するとき，関数 $M(x, y)$

を (2.3.1) の積分因子という. 定理 2.3.2 の条件より,

$$\frac{\partial}{\partial y}(M(x, y)P(x, y)) = \frac{\partial}{\partial x}(M(x, y)Q(x, y))$$

が成り立つような $M(x, y)$ を求めれば, これが積分因子である. このとき, 定理 2.3.1 と定理 2.3.2 により, 全微分方程式 (2.3.1) の解が (2.3.7) の解として得られることになる.

全微分方程式の解法.

[0] 正規型の微分方程式を全微分方程式の形に直す (はじめから全微分方程式であればこの手順は必要ない).

[1] 関数 $P(x, y)$, $Q(x, y)$ について, 完全形の条件 (2.3.4) を調べる.

[2] (i) 完全形の場合, (2.3.5) あるいは (2.3.6) により Φ を計算し, 定理 2.3.1 により一般解 $\Phi(x, y) = C$ とする.

   (ii) 完全形でない場合, 積分因子を求めて全微分方程式を完全形に直す. 以後は (i) を実行する.

例題 2.3.1 (1) 次の全微分方程式を解け.

$$y(3x^2 + y^2 - 2)\,dx + x(x^2 + 3y^2 - 2)\,dy = 0$$

(2) 次の 1 階微分方程式を解け.

$$\frac{dy}{dx} = \frac{y\sin x - \sin y}{x\cos y + \cos x}$$

[解答] (1) $P(x, y) = y(3x^2 + y^2 - 2)$, $Q(x, y) = x(x^2 + 3y^2 - 2)$ とおくと,

$$\frac{\partial P}{\partial y} = 3x^2 + 3y^2 - 2, \quad \frac{\partial Q}{\partial x} = 3x^2 + 3y^2 - 2.$$

よって, $\dfrac{\partial P}{\partial y} = \dfrac{\partial Q}{\partial x}$ より与式は完全形の全微分方程式である.

このとき, 定理 2.3.2 の (2.3.5) より, $(x_0, y_0) = (0, 0)$ と選んで関数 Φ を求めると,

$$\Phi(x, y) = \int_0^x y(3t^2 + y^2 - 2)\,dt + \int_0^y 0(0^2 + 3s^2 - 2)\,ds$$

$$= \left[t^3 y + ty^3 - 2ty\right]_{t=0}^{t=x}$$

$$= x^3 y + x y^3 - 2xy$$

$$= xy(x^2 + y^2 - 2)$$

である．以上より，解は C を任意定数として，

$$xy(x^2 + y^2 - 2) = C$$

である．

(2) 与えられた微分方程式は，次の全微分方程式に表すことができる：

$$(y \sin x - \sin y)\, dx - (x \cos y + \cos x)\, dy = 0.$$

このとき，$P(x, y) = y \sin x - \sin y$, $Q(x, y) = -(x \cos y + \cos x)$ とおくと，

$$\frac{\partial P}{\partial y} = \sin x - \cos y = \frac{\partial Q}{\partial x}$$

であるので，これは完全形の全微分方程式である．したがって，(1) と同様の計算により解を求めることができる．

ここでは，(1) とは異なるアプローチで Φ を計算してみよう．完全形の条件 (2.3.2) の第 1 式 $\dfrac{\partial \Phi}{\partial x} = P$ より，

$$\Phi(x, y) = \int P(x, y)\, dx + R(y)$$

$$= -y \cos x - x \sin y + R(y)$$

が成り立つ．ただし，$R = R(y)$ は変数 y のみの関数である．これが (2.3.2) の第 2 式 $\dfrac{\partial \Phi}{\partial y} = Q$ を満たすので，両辺を計算して

$$-\cos x - x \cos y + R'(y) = -(x \cos y + \cos x)$$

となる．よって，$R'(y) = 0$ より $R(y) = C_1$（C_1 は任意定数）である．

以上より解は，C を任意定数として，

$$-y \cos x - x \sin y = C$$

である．∎

例題 2.3.2 全微分方程式

$$(xy^2 + 2y)\, dx + x\, dy = 0$$

について考える．

(1) $M(x, y) = x^\alpha y^\beta$ は全微分方程式の積分因子である. α, β を求めよ.

(2) この全微分方程式を解け.

　[解答]　(1) 全微分方程式の両辺に $M(x, y) = x^\alpha y^\beta$ をかけると, 次が得られる:

$$(x^{\alpha+1} y^{\beta+2} + 2x^\alpha y^{\beta+1})\, dx + x^{\alpha+1} y^\beta\, dy = 0.$$

ここで, $P(x, y) = x^{\alpha+1} y^{\beta+2} + 2x^\alpha y^{\beta+1}$, $Q(x, y) = x^{\alpha+1} y^\beta$ とおく. このとき,

$$\frac{\partial P}{\partial y} - \frac{\partial Q}{\partial x} = (\beta+2)x^{\alpha+1} y^{\beta+1} + 2(\beta+1)x^\alpha y^\beta - (\alpha+1)x^\alpha y^\beta$$

$$= x^\alpha y^\beta \left\{ (\beta+2)xy + (2\beta - \alpha + 1) \right\}$$

である. これが恒等的に 0 になるのは次の場合である:

$$\begin{cases} \beta + 2 = 0, \\ 2\beta - \alpha + 1 = 0. \end{cases}$$

したがって, これを解いて $\alpha = -3, \beta = -2$ が得られる. $M(x, y) = x^{-3} y^{-2}$ は問題の全微分方程式の積分因子である.

　(2) (1) より, 次の方程式はもとの方程式と同値な完全形となる:

$$(x^{-2} + 2x^{-3}y^{-1})\, dx + x^{-2} y^{-2}\, dy = 0.$$

ここで, $(x_0, y_0) = (1, 1)$ として Φ を求めると,

$$\Phi(x, y) = \int_1^x (t^{-2} + 2t^{-3}y^{-1})\, dt + \int_1^y s^{-2}\, ds$$

$$= \left[-t^{-1} - t^{-2}y^{-1} \right]_{t=1}^{t=x} - \left[s^{-1} \right]_{s=1}^{s=y}$$

$$= -(x^{-1} + x^{-2}y^{-1}) + 1 + y^{-1} - y^{-1} + 1$$

$$= -\left(\frac{1}{x} + \frac{1}{x^2 y} \right) + 2$$

である. 以上により, 方程式の一般解は C を任意定数として

$$\frac{1}{x} + \frac{1}{x^2 y} = C$$

である.　　　　　　　　　　　　　　　　　　　　　　　　　　　　　　　■

●**注意** 積分因子 $M(x, y)$ が満たす条件は，一般には 1 階偏微分方程式

$$Q(x, y)\frac{\partial M}{\partial x} - P(x, y)\frac{\partial M}{\partial y} = \left(\frac{\partial P}{\partial y} - \frac{\partial Q}{\partial x}\right)M$$

として表される．実際問題として，これを解くことは全微分方程式を解く以上に難しい．したがって，積分因子の方法が有効な場合は特定の積分因子の形を仮定するなど，限定的な状況に限られる．

演習問題

2.3.1 次の微分方程式を解け．

(1) $2xy\,dx + (x^2 + \cos y)\,dy = 0$

(2) $\left(\log y + \dfrac{1}{x}\right)dx + \left(\dfrac{x}{y} + e^y\right)dy = 0$ $(x, y > 0)$

(3) $\dfrac{dy}{dx} = -\dfrac{x + 2y + 1}{2x + 4y + 1}$

(4) $\dfrac{dy}{dx} = \dfrac{x - ye^{xy}}{y + xe^{xy}}$

2.3.2 例題 2.3.2 にならい，全微分方程式 $(xy + y^2)\,dx - x^2\,dy = 0$ を解け．

2.3.3 全微分方程式 $(\sin y + x)\,dx + \cos y\,dy = 0$ について考える．

(1) x のみの関数 $M(x)$ が積分因子となるように $M(x)$ を定めよ．

(2) この全微分方程式の一般解を求めよ．

3

1 階線形微分方程式

　線形微分方程式は，大学の基礎科目として学習する微分方程式において重要な項目である．本章では 1 階の線形微分方程式について取り扱い，その微分方程式の解法と重要な考え方の一つである定数変化法や線形微分方程式の線形的な解の構造について学ぶ．

3.1　斉次な方程式と非斉次な方程式 ─────────

　独立変数 x についての未知関数 y とその導関数 y' からなる 1 階微分方程式で，

$$y' + P(x)y = Q(x) \tag{3.1.1}$$

の形をしている微分方程式を **1 階線形微分方程式**という．ここで，$P(x)$ や $Q(x)$ は，ある共通の区間で定義された x についての有界な連続関数である．当然のことながら，$P(x), Q(x)$ として定数関数，すなわち，定数である場合も考えることがある．

　式 (3.1.1) において，関数 $Q(x)$ が恒等的に $Q(x) = 0$ である微分方程式，すなわち，

$$y' + P(x)y = 0 \tag{3.1.2}$$

を**斉次線形微分方程式**といい，そうではない方程式 (3.1.1)（すなわち，$Q(x_0) \neq 0$ となる x_0 がある場合）を**非斉次線形微分方程式**という．また，「斉次な」方程式を「同次な」方程式，「非斉次な」方程式を「非同次な」方程式ということもある．

○例 **3.1.1**

$$y' + \frac{1}{x}y = \sin x, \quad y' + 2xy = xe^{-x^2} \tag{3.1.3}$$

37

は非斉次 1 階線形微分方程式であり,

$$y' + \frac{1}{x}y = 0, \quad y' + 2xy = 0$$

は, (3.1.3) のそれぞれに対応する斉次 1 階線形微分方程式である.

以後本章を通じて, 文脈から判断して 1 階線形微分方程式であることが明らかな場合は, 斉次 1 階線形微分方程式や非斉次 1 階線形微分方程式を斉次微分方程式, 非斉次微分方程式と略記する.

3.2 斉次微分方程式

斉次微分方程式は次のような性質をもつ.

命題 3.2.1 y_1 が斉次微分方程式 (3.1.2) の解であるならば, 任意定数 C に対して $y = Cy_1$ も斉次微分方程式 (3.1.2) の解である.

[証明] $y = y_1$ は斉次微分方程式 (3.1.2) の解なので,

$$y_1' + P(x)y_1 = 0$$

を満たす. 一方, $y = Cy_1$ に対して, $y' = (Cy_1)' = Cy_1'$ なので,

$$y' + P(x)y = Cy_1' + CP(x)y_1 = C(y_1' + P(x)y_1) = 0$$

が成立し, $y = Cy_1$ が方程式 (3.1.2) の解であることがわかる.   ■

恒等的に 0 ではない解 y_1 を斉次微分方程式 (3.1.2) の**基本解**という.

●**注意** 基本解は 1 つに定まらない. 例えば, 例 2.1.2 の方程式 $y' = ky$ に対して, 解 $y_1 = e^{kx}$ は 1 つの基本解であるが, $y_2 = 2e^{kx}$ なども基本解である. また, 基本解の概念は高階な線形微分方程式 (第 5 章) に対して一般化される.

基本解 y_1 により, 方程式 (3.1.2) の任意の解は $y = Cy_1$ (C は任意定数) の形で書き表すことができる. 実際に方程式 (3.1.2) を変数分離形と考えると, 2.1 節の解法を適用して, 次の解の公式を得ることができる.

斉次 1 階線形微分方程式の解.
斉次微分方程式 $y' + P(x)y = 0$ の一般解は次で与えられる:

$$y = Ce^{-\int P(x)dx} \quad (C \text{ は任意定数}).$$

○例 **3.2.1**

$$y' + \frac{1}{x}y = 0 \qquad (3.2.1)$$

の一般解は,

$$y = C_1 e^{-\int \frac{1}{x} dx}$$
$$= C_1 e^{-\log|x| + C_2} = C_1 e^{C_2} e^{\log \frac{1}{|x|}}$$
$$= \frac{C_1 e^{C_2}}{|x|} = \frac{\pm C_1 e^{C_2}}{x} \quad (C_1,\, C_2\, は任意定数)$$

である. ここで, 定数を取り換えて $C = \pm C_1 e^{C_2}$ とおくと, 求める一般解は

$$y = \frac{C}{x} \quad (C\, は任意定数)$$

である. ここで, $y_1 = \frac{1}{x}$ が斉次微分方程式 (3.2.1) の基本解である.

●**注意** (1) 1 階線形微分方程式の解の計算では, 恒等式 $e^{\log A} = A$ をよく用いる.

(2) 一般解の $e^{-\int P(x)dx}$ における $\int P(x)\,dx$ の計算では積分定数を考える必要はない. 積分定数の部分は最終的な任意定数 C に「吸収」されることになる.

(3) $e^{-\int \frac{1}{x}dx}$ のように, $\int P(x)\,dx$ の通常の計算では $\log|A(x)|$ の形の結果となる場合, 斉次微分方程式の一般解の計算において, 対数の真数の絶対値を考える必要はない. 絶対値を外すときに現れる正負調節のための符号は最終的な任意定数 C に「吸収」されるからである.

上記の注意 (2), (3) により, 例 3.2.1 は以下のように解いてもよい:

$$y = C e^{-\int \frac{1}{x} dx}$$
$$= C e^{-\log x} = C e^{\log \frac{1}{x}}$$
$$= \frac{C}{x} \quad (C\, は任意定数).$$

以後, このように注意 (2), (3) のもとで解くことにする.

演習問題

3.2.1 次の微分方程式を解け.

(1) $y' - (\tan x)y = 0$ (2) $(x^2 + 1)y' + y = 0$ (3) $(x^2 + 1)y' + 2xy = 0$

3.3 非斉次微分方程式

非斉次微分方程式 (3.1.1) $y' + P(x)y = Q(x)$ の一般解を考えよう．この方程式に対応する斉次微分方程式 $y' + P(x)y = 0$ を方程式 (3.1.1) の**同伴方程式**という．この同伴方程式の一般解は

$$y = Ce^{-\int P(x)dx} \quad (C \text{ は任意定数})$$

である．ここで，定数 C を「x についての関数」$C(x)$ とみなし，

$$y = C(x)e^{-\int P(x)dx} \tag{3.3.1}$$

が非斉次微分方程式 (3.1.1) の解になるように $C(x)$ を決定しよう．

$$y' = C'(x)e^{-\int P(x)dx} - P(x)C(x)e^{-\int P(x)dx}$$

であるので，(3.3.1) を非斉次微分方程式 (3.1.1) に代入すると，

$$\left(C'(x)e^{-\int P(x)dx} - P(x)C(x)e^{-\int P(x)dx} \right) + P(x)C(x)e^{-\int P(x)dx} = Q(x),$$

したがって，

$$C'(x)e^{-\int P(x)dx} = Q(x),$$

すなわち，

$$C'(x) = Q(x)e^{\int P(x)dx}$$

を得る．よって，

$$C(x) = \int Q(x)e^{\int P(x)dx}\, dx + C$$

である．こうして次の定理を得る．

定理 3.3.1（非斉次 1 階線形微分方程式の一般解） 非斉次微分方程式 (3.1.1) $y' + P(x)y = Q(x)$ の一般解は次で与えられる：

$$y = e^{-\int P(x)dx} \left(\int Q(x)e^{\int P(x)dx}\, dx + C \right) \quad (C \text{ は任意定数}). \tag{3.3.2}$$

●**注意** (1) 非斉次微分方程式 (3.1.1) の解を求めるために，対応する同伴方程式の一般解の任意定数 C を x についての関数 $C(x)$ とみなして考察する方法を**定数変化法**という．この方法は高階の線形微分方程式や連立線形微分方程式でも使われる重要な考え方の一つである．

(2) 定数変化法では非斉次微分方程式 (3.1.1) の一般解の形を想定して解を求めているため，他の形の一般解が存在する可能性がある．しかしながら，微

分方程式の解の一意性（定理 1.4.1）より，非斉次微分方程式 (3.1.1) の一般解は (3.3.2) の形のみであることがわかる.

(3) 式 (3.3.2) を展開すると，

$$y = Ce^{-\int P(x)dx} + e^{-\int P(x)dx} \int Q(x)e^{\int P(x)dx}\,dx$$

である．右辺の第 1 項 $Ce^{-\int P(x)dx}$ は斉次微分方程式 (3.1.2) の解である．また，$C = 0$ の場合を考えると，右辺の第 2 項 $e^{-\int P(x)dx}\int Q(x)e^{\int P(x)dx}\,dx$ は非斉次微分方程式 (3.1.1) の解であることがわかる．すなわち，右辺の第 2 項は方程式 (3.1.1) の特殊解（の 1 つ）である．よって，次のことがわかる：

$$\boxed{\text{非斉次微分方程式 (3.1.1) の一般解}}$$

$$= \boxed{\text{斉次微分方程式 (3.1.2) の一般解}} + \boxed{\text{非斉次微分方程式 (3.1.1) の特殊解}}.$$

これは線形代数学で学ぶ連立 1 次方程式の解の構造と同じ形をしている：

$$\boxed{\text{非斉次方程式 } A\boldsymbol{x} = \boldsymbol{b} \text{ の一般解}}$$

$$= \boxed{\text{斉次方程式 } A\boldsymbol{x} = \boldsymbol{0} \text{ の一般解}} + \boxed{\text{非斉次方程式 } A\boldsymbol{x} = \boldsymbol{b} \text{ の特殊解}}.$$

また，このような解の構造は次章以降で取り扱う連立線形微分方程式（第 4 章）や高階線形微分方程式（第 5 章，第 6 章）にも現れる.

(4) 右辺の第 2 項に現れる $\int P(x)\,dx$ の部分においても，この計算結果が $\log|A(x)|$ の形になる場合は，第 2 項の計算において対数の真数の絶対値を考える必要はない．$-\int P(x)\,dx$ と $\int P(x)\,dx$ の 2 つがあるために，絶対値を外すときに現れる正負調節のための符号は相殺されるからである．よって，斉次微分方程式の一般解での注意とあわせると，定理 3.3.2 の非斉次微分方程式の一般解でも，$\int P(x)\,dx$ の通常の計算結果として $\log|A(x)|$ の形となる場合には，非斉次微分方程式の一般解の計算において対数の真数の絶対値を考える必要はない．また，1.1 節の脚注 1) にあるように，定理 3.3.1 を非斉次方程式の解の公式として適用する場合，公式内の不定積分の計算においては積分定数を含めないようにする.

(5) 定理 3.3.1 を非斉次方程式の解の公式として適用する場合，公式を適用するまえに式 (3.1.1) の形であるかを確認しよう．式 (3.1.1) の形ではないときは，その形に変形してから公式を適用する.

例題 3.3.1 (1) 次の微分方程式の一般解を求めよ.

$$y' + \frac{1}{x}y = \sin x$$

(2) 次の微分方程式を初期条件 $y(0) = 1$ のもとで解け.

$$y' + 2xy = xe^{-x^2}$$

[解答]　(1) $P(x) = \dfrac{1}{x}$, $Q(x) = \sin x$ であるので，求める一般解は，

$$y = e^{-\int \frac{1}{x}dx}\left(\int (\sin x)e^{\int \frac{1}{x}dx}\,dx + C\right)$$

$$= e^{-\log x}\left(\int (\sin x)e^{\log x}\,dx + C\right) = \frac{1}{x}\left(\int x\sin x\,dx + C\right)$$

$$= \frac{C}{x} + \frac{\sin x - x\cos x}{x} \quad (C は任意定数)$$

である.

　(2) $P(x) = 2x$, $Q(x) = xe^{-x^2}$ であるので，求める一般解は，

$$y = e^{-\int 2xdx}\left(\int xe^{-x^2}e^{\int 2xdx}\,dx + C\right)$$

$$= e^{-x^2}\left(\int x\,dx + C\right)$$

$$= Ce^{-x^2} + \frac{1}{2}x^2e^{-x^2} \quad (C は任意定数)$$

である. 初期条件より，$x = 0$ のとき $y = 1$ であるので，これを満たす C は $C = 1$ である. よって，求める解は $y = e^{-x^2} + \dfrac{1}{2}x^2e^{-x^2}$ である.　■

●**注意**　参考までに，定数変化法の考え方に従って例題 3.3.1 (1) の微分方程式を解くと，次のようになる.

　まず，対応する斉次微分方程式 $y' + \dfrac{1}{x}y = 0$ の一般解を求める. C を任意定数として，

$$y = Ce^{-\int \frac{1}{x}dx} = \frac{C}{x}$$

が斉次微分方程式の一般解である. ここで，C を x についての関数 $C(x)$ とみなして，$y = \dfrac{C(x)}{x}$ が問題の非斉次微分方程式 $y' + \dfrac{1}{x}y = \sin x$ の解となる

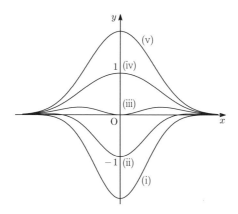

図 **3.1** 例題 3.3.1 (2) の方程式の一般解 $y = Ce^{-x^2} + \frac{1}{2}x^2 e^{-x^2}$ において,
(i) $C = -2$, (ii) $C = -1$, (iii) $C = 0$, (iv) $C = 1$, (v) $C = 2$
のときの解のグラフ

ように $C(x)$ を定める. $y = \dfrac{C(x)}{x}$ をこの非斉次微分方程式に代入すると,

$$\frac{C'(x)x - C(x)}{x^2} + \frac{C(x)}{x^2} = \sin x,$$

したがって,

$$C'(x) = x \sin x$$

となる. よって,

$$C(x) = \int x \sin x \, dx = \sin x - x \cos x + C \quad (C \text{ は積分定数}).$$

したがって, 非斉次微分方程式の一般解 $y = \dfrac{\sin x - x \cos x + C}{x}$ (C は任意定数) を得る.

定数変化法の考え方を理解することは重要であるが, 非斉次微分方程式 (3.1.1) の一般解を求めるときは, 例題 3.3.1 のように定理 3.3.1 を公式として使うとよい.

演習問題

3.3.1 微分方程式 $y' - (\tan x)y = \sin x$ について, 定理 3.3.1 を公式として使わず, 定数変化法の考え方がわかるように解け.

3.3.2 次の微分方程式を解け.

(1) $y' + 3y = \sin x$ (2) $y' + 2xy = x$ (3) $(x^2 + 1)y' - y = 1$

(4) $y' - \dfrac{y}{x} - \log x = 0$　　　(5) $(x^2 + 1)y' + 2xy - e^x = 0$

3.3.3 次の微分方程式について, 与えられた初期条件を満たす解を求めよ.

(1) $y' + (\cos x)y = \sin x \cos x$　　$(x = 0$ のとき, $y = 2)$

(2) $xy' - (x + 1)y = e^x$　　$(x = 1$ のとき, $y = 0)$

3.4　1 階線形微分方程式に帰着できる方程式

定数 α に対して, 次のような形の微分方程式を考えよう:

$$y' + P(x)y = Q(x)y^{\alpha}. \tag{3.4.1}$$

$\alpha = 0, 1$ の場合, 方程式 (3.4.1) は 1 階線形微分方程式であり, 特に, $\alpha = 1$ の
ときは変数分離形の微分方程式である. $\alpha \neq 0, 1$ のときの方程式 (3.4.1) をベ
ルヌーイの微分方程式という. ベルヌーイの微分方程式 (3.4.1) の解 $y_0\ (\neq 0)$
に対して, その定数倍 Cy_0 は方程式 (3.4.1) の解ではないので, ベルヌーイ
の微分方程式は非線形微分方程式である[1]. 非線形微分方程式は一般に解くこ
とが困難であるが, ベルヌーイの微分方程式は以下に示すような方法で 1 階線
形微分方程式に帰着することができる.

> **命題 3.4.1** ベルヌーイの微分方程式 (3.4.1) において, $u = y^{1-\alpha}$ とおくと,
> 方程式 (3.4.1) は次の形の 1 階線形微分方程式に書き換えられる:
> $$u' + (1 - \alpha)P(x)u = (1 - \alpha)Q(x).$$

[証明]　方程式 (3.4.1) の両辺を y^{α} で割ると,

$$y^{-\alpha}y' + P(x)y^{1-\alpha} = Q(x)$$

であり, さらに,

$$(1 - \alpha)y^{-\alpha}y' + (1 - \alpha)P(x)y^{1-\alpha} = (1 - \alpha)Q(x) \tag{3.4.2}$$

を得る. ここで $u = y^{1-\alpha}$ とおく. 合成関数の微分公式より, $u' = (1-\alpha)y^{-\alpha}y'$
であるので, (3.4.2) より,

$$u' + (1 - \alpha)P(x)u = (1 - \alpha)Q(x)$$

を得ることができる.　　　　　　　　　　　　　　　　　　　　　　　■

---

1) 線形微分方程式に関する基本概念は第 5 章で学習する.

例題 3.4.1　次の微分方程式の一般解を求めよ.

$$y' + \frac{3}{x}y = x^2 y^2$$

[解答]　定数関数 $y = 0$ は明らかにこの微分方程式の解である.
$y \neq 0$ とし, 両辺を y^2 で割ると,

$$y^{-2}y' + \frac{3}{x}y^{-1} = x^2$$

を得る. ここで $u = y^{-1}$ とおくと, $u' = -y^{-2}y'$ なので,

$$u' - \frac{3}{x}u = -x^2$$

となる. この1階線形微分方程式の一般解を求めると,

$$
\begin{aligned}
u &= e^{\int \frac{3}{x}dx}\left(\int (-x^2)e^{\int(-\frac{3}{x})dx}\,dx + C\right) \\
&= x^3\left\{\int\left(-\frac{1}{x}\right)dx + C\right\} \\
&= x^3(-\log|x| + C)
\end{aligned}
$$

を得る. $u = y^{-1}$ なので, 求める解は

$$y = \frac{1}{x^3(-\log|x| + C)} \quad (C\ は任意定数), \quad および \quad y = 0 \qquad (3.4.3)$$

である.　　　　　　　　　　　　　　　　　　　　　　　　　　　　■

●**注意**　例題 3.4.1 の定数解 $y = 0$ は, (3.4.3) において $C \to \pm\infty$ として得られたと考えることができる. 例題 2.1.1 下の注意（p.20）にあるように, 定数解 $y = 0$ を慣習的に特異解として扱わない場合もある.

演習問題

3.4.1　次の微分方程式を解け.

(1) $y' - 2y = e^x y^2$ 　　　　　(2) $y' + 2xy = xy^3$

(3) $y' + y\sin x = y^2\sin x$ 　　(4) $y' - 2y = x^2\sqrt{y}$

3.4.2　次の微分方程式について, 以下の問いに答えよ.

$$x^2 y' - x^2 y^2 + 3xy - 1 = 0 \qquad (3.4.4)$$

(1) 次の形の微分方程式

$$y' + P(x)y^2 + Q(x)y + R(x) = 0 \qquad (3.4.5)$$

をリッカチの微分方程式という. 関数 y_0 が方程式 (3.4.5) の 1 つの解であるとする. このとき, $u = y - y_0$ とおくと, 方程式 (3.4.5) は未知関数 u についてのベルヌーイの方程式に書き換えられることを示せ.

(2) $y_0 = ax^n$ が方程式 (3.4.4) の解となるように, 定数 a, n を求めよ.

(3) 方程式 (3.4.4) の一般解を求めよ.

3.5　1階線形微分方程式の応用

(1)　物理学の問題に対する 1 階線形微分方程式の応用例として, 図 3.2 のような電気抵抗 R (オーム), コイルのインダクタンス L (ヘンリー) からなる電気回路を流れる電流の時間的変化を記述する微分方程式を考える.

時間 t (秒) における, この回路を流れる電流を $I(t)$ (アンペア) とすると, キルヒホッフの電圧の法則により, 起電力 E について

$$E_R + E_L = E \qquad (3.5.1)$$

が成立する. ここで, E_R は抵抗 R による電圧降下を表し, オームの法則により $E_R = RI$ である. E_L はコイルによる電圧降下を表し,

$$E_L = L\frac{dI}{dt}$$

で与えられる. よって, 式 (3.5.1) より,

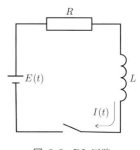

図 **3.2**　RL 回路

$$L\frac{dI}{dt}(t) + RI(t) = E(t) \qquad (3.5.2)$$

が得られる. これは 1 階線形微分方程式であり, これを解くことにより, 電流関数 $I(t)$ を求めることができる.

(i) $E(t)$ が直流電圧の場合:　この場合, 電圧は一定であるので, $E(t) = E_0$ (定数) である. 微分方程式 (3.5.2) を解くと, 一般解は

$$I(t) = e^{-\frac{R}{L}t}\left(\frac{E_0}{R}e^{\frac{R}{L}t} + C\right)$$

$$= Ce^{-\frac{R}{L}t} + \frac{E_0}{R}$$

である. 時間 t が増大するにつれて, 電流 $I(t)$ は初期電流値 I_0 から指数関

数的に減少し，一定値 $\dfrac{E_0}{R}$ に近づくことがわかる．

(ii) $E(t)$ が交流電圧の場合：　この場合，電圧は振幅 E_0，周波数 ω の正弦関数であると考え，$E(t) = E_0 \sin \omega t$ とする．このとき，微分方程式 (3.5.2) の一般解は

$$
\begin{aligned}
I(t) &= e^{-\frac{R}{L}t} \left(\int \frac{E_0}{L} \sin \omega t \; e^{\frac{R}{L}t} \, dt + C \right) \\
&= Ce^{-\frac{R}{L}t} + \frac{E_0(R \sin \omega t - \omega L \cos \omega t)}{R^2 + (\omega L)^2} \\
&= Ce^{-\frac{R}{L}t} + \frac{E_0}{\sqrt{R^2 + (\omega L)^2}} \sin(\omega t - \alpha)
\end{aligned}
$$

で与えられる．ただし，$\alpha = \tan^{-1} \left(\dfrac{\omega L}{R} \right)$ である．

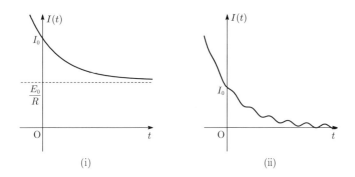

図 **3.3**　(i) $E(t)$ が直流電圧の場合，(ii) $E(t)$ が交流電圧の場合

(2)　生物の個体数の変化の様子や電化製品の普及の過程を記述する微分方程式としてロジスティック方程式がある．

時間 t における人口を $N(t)$ 人とすると，例 1.2.1 で述べたように，マルサスの「人口論」で指摘されている法則により，人口の増加率はその時点での人口に正比例する．すなわち，人口 $N(t)$ は

$$
\frac{dN}{dt} = rN \tag{3.5.3}
$$

という微分方程式で記述される．人口の増加に伴い食糧や住環境が悪化してくると，人口増加が抑制され，人口は飽和状態になることが予想される．このこと

を考慮して，上記の微分方程式 (3.5.3) は次のように修正することが提案されている．1 人に対する人口増加率は 1 次関数的に減少すると仮定して，微分方程式

$$\frac{dN}{dt} = rN\frac{K-N}{K} = rN\left(1 - \frac{N}{K}\right) \tag{3.5.4}$$

で記述されると考える．ここで，K は潜在的に収容可能な人口を表す定数である．

　この微分方程式を整理すると，その数理モデルは独立変数 x についての未知関数 y の微分方程式

$$y' = (a - by)y \tag{3.5.5}$$

で表現される．この微分方程式を**ロジスティック方程式**という．この方程式は変数分離形とみなすこともできるし，$\alpha = 2$ の場合のベルヌーイの微分方程式とみなすこともできる．この微分方程式を解くと，その一般解は

$$y = \frac{a}{b + Ce^{-ax}} \quad (C \text{ は任意定数})$$

である[2]．x が増大するにつれて，y は一定値 $\dfrac{a}{b}$ に近づくことがわかる．

　図 3.4 から明らかなように，数理モデル (3.5.3) では爆発的に人口が増加することが予想される．一方，数理モデル (3.5.4) では，人口はある一定数に収束することが予想される．

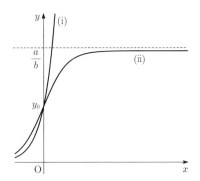

　図 **3.4**　(i) $y = y_0 e^{ax}$（$y' = ay$ の解），(ii) $y = \dfrac{a}{b + Ce^{-ax}}$（ロジスティック方程式の解）（$y_0 = \dfrac{a}{b + C}$）

---

2)　定数関数 $y = 0$ も方程式 (3.5.5) の解である．

─── **休憩** 「感染症流行の数理モデル」 ───────────

　感染症流行は一部の地域で起こるどこか遠くのできごとのように，一般の人に振り向かれることは最近まではなかった．しかし，2020年，世界中がCOVID-19に翻弄させられると，多くの人が関心をもつようになった．感染症流行の数理モデルは微分方程式で記述される典型的なモデルである．そのため，普通の人は普段ふれることのない微分方程式が，メディアを賑わすようになった．ここでは，感染症流行の数理モデルの本質をわかりやすく説明することで，微分方程式が日常に役に立つ数学であることを紹介しよう．

　感染症流行の数理モデルの基本形は，**SIRモデル**とよばれる3つの連立した微分方程式で表される：

$$\frac{dS(t)}{dt} = -\lambda S(t)I(t), \tag{1}$$

$$\frac{dI(t)}{dt} = \lambda S(t)I(t) - \gamma I(t), \tag{2}$$

$$\frac{dR(t)}{dt} = \gamma I(t). \tag{3}$$

ここで，S, I, Rは，それぞれ，まだ感染しておらずこれから感染する可能性のある人数，いま感染している人数，感染してすでに回復したか死亡したため二度と感染することはない人数である．また，λ, γは，それぞれ感染している人が感染していない人に感染させる割合，感染者が回復または死亡する一定の割合である．

　すべての感染している人がすべての感染していない人と接触して，それぞれの接触時にλの割合で感染させるなら，$\lambda S(t)I(t)$は時刻tでの新規感染者の増加人数になり，感染者が一定割合γで回復または死亡すると$\gamma I(t)$は感染者の減少人数になるので，式(2)がでてくる．式(1)と式(3)は，それぞれ式(2)と帳尻が合うようになっている．

　ただこのままでは，この連立方程式を解析的に解くことは難しい．通常は数値解法を使って求めている．ここでは解析的に求められるように，少し仮定を入れて簡単にしよう．全人口を

$$N = S(t) + I(t) + R(t)$$

とする．感染が始まったばかりのときは，ほとんどの人は感染していないので，$S(t) \approx N$と考えてよく，

$$\frac{dI(t)}{dt} = \lambda N I(t) - \gamma I(t) = (\lambda N - \gamma)I(t) \tag{4}$$

のような簡単な微分方程式で近似することができる．この微分方程式は，これまでみてきたように，変数分離法で解ける．その解は，

$$I(t) = I(0)e^{(\lambda N - \gamma)t} \tag{5}$$

と表される指数関数になる．$I(0)$は$t = 0$での感染者数である．$\lambda N - \gamma > 0$の

ときには増加関数，$\lambda N - \gamma < 0$ のときには減少関数になる．$\lambda N - \gamma = 0$ のときには I は初期値のまま変わらない．

ここで，$R_0 = \dfrac{\lambda N}{\gamma}$ とすると，I は，$R_0 > 1$ のときには増加関数，$R_0 < 1$ のときには減少関数，$R_0 = 1$ のときには変わらない，ということになる．この R_0 が**基本再生産数**とよばれるパラメータである．R_0 は 1 を境にして指数関数的な感染爆発が起こるかどうかを決定する重要なファクターとなっている．R_0 の分子は新規の感染者が増えていく人数に，分母は減っていく人数に相当するので，この比が 1 を境にして感染者が増加するのか減少するのかを表していることになる．

しかし，この条件下では $R_0 > 1$ のとき感染者数は際限なく増え続けることになる．実際には，人口には限度があって全人口を超えて増え続けることはない．このことに配慮した数理モデルを次に考えよう．累積感染者数は $N - S(t)$ なので，これを $T(t)$ とおく．すると，式 (1) から，

$$\frac{dT(t)}{dt} = -\frac{dS(t)}{dt} = \lambda S(t)I(t) = \lambda S(t)(T(t) - R(t)) \tag{6}$$

が得られる．ここで，感染流行初期にはある程度の時間が経たないと死亡者も回復者もでてこないことから，$R(t) = 0$ と仮定すると

$$\frac{dT(t)}{dt} = \lambda T(t)(N - T(t)) \tag{7}$$

となる．この微分方程式の解は，

$$T(t) = \frac{N}{1 + (\frac{N}{T(0)} - 1)e^{-\lambda N t}} \tag{8}$$

となり，これは**ロジスティック曲線**とよばれている．

中国湖北省で 2020 年の 1 月 22 日から 3 月 2 日まで累積感染者の増加傾向にこのロジスティック曲線をあわせたものを図 3.5 の実線に示す．図中の○印は観測値である．

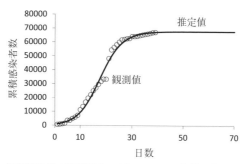

図 **3.5** 累積感染者の観測値とロジスティック曲線で表される計算値

4

連立線形微分方程式

前章までは，求めるべき未知関数（解）が1つの微分方程式を考えてきた．しかし，実際の応用では未知関数が複数の微分方程式が現れることも多い．ここでは，未知関数が複数あるような連立線形微分方程式について説明する．

4.1 連立1階線形微分方程式とその行列・ベクトル形式 ———

独立変数 x についての n 個の未知関数を $y_1, y_2, \ldots, y_n$ として，

$$y_i' = \sum_{j=1}^{n} a_{ij}(x)y_j + b_i(x) \quad (i = 1, 2, \ldots, n) \tag{4.1.1}$$

の形で表される n 個の連立方程式を，n 元の**連立1階線形微分方程式**という．ここでは係数 $a_{ij}(x)$ および非斉次項 $b_i(x)$ は連続関数とする．特に，すべての i で恒等的に $b_i(x) = 0$ である場合は方程式 (4.1.1) を**斉次**方程式，そうでない場合は**非斉次**方程式という．

連立1階線形微分方程式は，線形代数学で学ぶ行列・ベクトルを用いると簡潔に表現することができる．(i, j) 成分が a_{ij} である n 次正方行列を A，y_i と b_i を第 i 成分とする n 次元縦ベクトルをそれぞれ $\boldsymbol{y}, \boldsymbol{b}$ とすると，方程式 (4.1.1) は

$$\boldsymbol{y}' = A\boldsymbol{y} + \boldsymbol{b} \tag{4.1.2}$$

と表される．方程式 (4.1.2) を満たす関数ベクトル $\boldsymbol{y}$ を**解ベクトル**（または，簡単に**解**）とよび，（すべての）解ベクトルを求めることを方程式を**解く**という．

連立1階線形微分方程式は，A および $\boldsymbol{b}$ の成分が連続関数であるとき，次のように，解の存在と一意性が成り立つ．証明は省略する．

定理 4.1.1（連立線形微分方程式の解の存在と一意性）　式 (4.1.1) の $a_{ij}(x)$ および $b_i(x)$ が, $x = x_0$ を含む区間 I 上で有界かつ連続であると仮定する. このとき, 初期条件 $\boldsymbol{y}(x_0) = \boldsymbol{z}_0$ を満たす微分方程式 $\boldsymbol{y}' = A\boldsymbol{y} + \boldsymbol{b}$ の解は区間 I において一意的に存在する. ただし, $\boldsymbol{y}(x_0)$ は $y_i(x_0)$ を第 i 成分とする縦ベクトルである.

演習問題

4.1.1　次の連立 1 階線形微分方程式を行列・ベクトル形式で表せ.

(1) $y_1' = -y_2,\ y_2' = y_1$

(2) $y_1' = y_1 + 2y_2 + 3,\ y_2' = 4y_1 + 5y_2 + 6x$

(3) $y_1' = y_1 + y_2 \sin x,\ y_2' = y_2$

(4) $y_1' = y_2,\ y_2' = y_3,\ y_3' = y_1$

4.2　2元の斉次な定数係数 1 階連立線形微分方程式

　以降では, しばらく 2 元の連立線形微分方程式を取り扱う. まず基本形として, 定数係数, すなわち行列 A の成分がすべて定数であり, かつ斉次な場合 ($\boldsymbol{b} = \boldsymbol{0}$) について考える. この場合は, 後に述べるように, 座標変換によって 2 種類ある標準形のいずれかに持ち込むことができる. まずは基本となる 2 つの標準形の場合について説明する.

4.2.1　標準形 1：行列 A が対角行列の場合

　行列 A が対角行列である場合, つまり方程式がある $\lambda_1,\ \lambda_2$ を用いて

$$\begin{pmatrix} y_1' \\ y_2' \end{pmatrix} = \begin{pmatrix} \lambda_1 & 0 \\ 0 & \lambda_2 \end{pmatrix} \begin{pmatrix} y_1 \\ y_2 \end{pmatrix}$$

と表される場合を考えると, $y_1' = \lambda_1 y_1$ と $y_2' = \lambda_2 y_2$ はそれぞれ独立に解くことができる. これらは斉次な 1 階線形微分方程式（微分方程式 (1.1.1) のタイプ）であるので, 一般解は C_1 と C_2 を任意定数として $y_1 = C_1 e^{\lambda_1 x},\ y_2 = C_2 e^{\lambda_2 x}$ と表される.

4.2.2　標準形 2：行列 A が右上非対角成分をもつ場合

　行列 A がある λ を用いて

$$A = \begin{pmatrix} \lambda & 1 \\ 0 & \lambda \end{pmatrix}$$

の形で表される場合，方程式は

$$\begin{pmatrix} y_1' \\ y_2' \end{pmatrix} = \begin{pmatrix} \lambda & 1 \\ 0 & \lambda \end{pmatrix} \begin{pmatrix} y_1 \\ y_2 \end{pmatrix} = \begin{pmatrix} \lambda y_1 + y_2 \\ \lambda y_2 \end{pmatrix}$$

となる．まず y_2 に関しては，2行目の式から $y_2' = \lambda y_2$ より C_2 を任意定数として $y_2 = C_2 e^{\lambda x}$ と解くことができる．これより1行目の式は $y_1' = \lambda y_1 + C_2 e^{\lambda x}$ と表される．これは非斉次な1階線形微分方程式であり，$y = C_2 x e^{\lambda x}$ を特殊解としてもつことに注意すると，1行目の微分方程式についての一般解は C_1 を任意定数として $y_1 = C_1 e^{\lambda x} + C_2 x e^{\lambda x}$ と表される．

4.2.3 基本パターン：行列 A が相異なる固有値をもつ場合

次に A が一般の2次正方行列として，標準形1に持ち込める場合を考える．これが基本パターンとなる．この基本パターンに持ち込むためには，実は

$$Av = \lambda v \tag{4.2.1}$$

を満たす λ と v（ただし $v \neq 0$）の組を2つみつければよい．ここで式 (4.2.1) を満たす λ と v はそれぞれ A の**固有値**，固有値 λ に対する**固有ベクトル**という．行列 A が相異なる固有値 λ_1, λ_2 をもつ場合，それぞれに対応する固有ベクトル v_1, v_2 は1次独立であることが比較的単純に示せる．このとき，固有ベクトル v_1, v_2 を列とする行列 $P = \begin{pmatrix} v_1 & v_2 \end{pmatrix}$ は正則行列，すなわち逆行列 P^{-1} をもつ行列となる．この固有値と固有ベクトルを用いて，$y' = Ay$ の一般解は次のように表すことができる．

定理 4.2.1 実数を成分とする2次正方行列 A が相異なる固有値 λ_1, λ_2 をもつとし，それぞれに対応する固有ベクトルを v_1, v_2 とする．このとき微分方程式 $y' = Ay$ の一般解は，C_1 と C_2 を任意定数として

$$y = C_1 e^{\lambda_1 x} v_1 + C_2 e^{\lambda_2 x} v_2 \tag{4.2.2}$$

と表される．

[証明] $P = \begin{pmatrix} v_1 & v_2 \end{pmatrix}$ とおき，$D = \begin{pmatrix} \lambda_1 & 0 \\ 0 & \lambda_2 \end{pmatrix}$ とすれば，$AP = PD$ より

$A = PDP^{-1}$ と表せる[1]. したがって, 微分方程式は $y' = PDP^{-1}y$ と表せ, 両辺に左から P^{-1} をかけることで $P^{-1}y' = DP^{-1}y$ と変形できる. ここで $z = P^{-1}y$ と座標変換すると,

$$z' = Dz$$

と表せる[2]. これは 4.2.1 項で述べた標準形 1 の形であり, C_1 と C_2 を任意定数として $z_1 = C_1 e^{\lambda_1 x}$, $z_2 = C_2 e^{\lambda_2 x}$ と解くことができる. この z を用いて, 求めるべき解ベクトル y は関係式 $y = Pz$ より式 (4.2.2) と表されることがわかる.   ■

　したがって, A の固有値と固有ベクトルが求まれば, 式 (4.2.2) を解の公式として利用できる.

　行列 A の固有値と固有ベクトルは次のようなステップで求めることができる. まず, 式 (4.2.1) は I を単位行列とすると $(\lambda I - A)v = 0$ と変形できる. ここで λ が A の固有値であるためには連立 1 次方程式 $(\lambda I - A)x = 0$ が自明でない解をもつことが必要十分であるので,

$$|\lambda I - A| = 0 \tag{4.2.3}$$

でなければならない. 行列式 $|\lambda I - A|$ は λ についての多項式であり, 方程式 (4.2.3) を A の**固有方程式**という. この固有方程式を解くことで, まず固有値 λ が求まる. 次に, その λ を $(\lambda I - A)x = 0$ の式に代入すると, これは x に関する斉次連立 1 次方程式となり, そのうち 0 でない解 $x = v$ を 1 つ求めれば, それが λ に対応する固有ベクトルになる.

例題 4.2.1

$$A = \begin{pmatrix} -2 & 1 \\ 1 & -2 \end{pmatrix}$$

のとき, 連立微分方程式 $y' = Ay$ の一般解を求めよ.

　[解答]　行列 A の固有方程式は

---

　1)　ある正則行列 P により, $P^{-1}AP$ が対角行列になるようにすることを A の**対角化**という.

　2)　ベクトル値関数 z の微分 z' は成分ごとに微分して得られたベクトル値関数と定める. このとき, P^{-1} のすべての成分が定数であるので, 和・積の微分公式に注意すれば, $z' = P^{-1}y' = Dz$ であることがわかる.

$$|\lambda I - A| = \begin{vmatrix} \lambda + 2 & -1 \\ -1 & \lambda + 2 \end{vmatrix} = \lambda^2 + 4\lambda + 3 = (\lambda + 1)(\lambda + 3) = 0$$

より，固有値は $\lambda = -1, -3$ である．$\lambda = -1$ のときは，連立 1 次方程式 $(\lambda I - A)\boldsymbol{x} = \boldsymbol{0}$ の解 $\boldsymbol{x}$ は，t を任意定数として $\boldsymbol{x} = t\begin{pmatrix} 1 \\ 1 \end{pmatrix}$ と表される．よって，$\lambda = -1$ に対応する固有ベクトルとして，例えば $\boldsymbol{v}_1 = \begin{pmatrix} 1 \\ 1 \end{pmatrix}$ がとれる．同様にして，$\lambda = -3$ のときの対応する固有ベクトルとして，例えば $\boldsymbol{v}_2 = \begin{pmatrix} 1 \\ -1 \end{pmatrix}$ がとれる．したがって，求める一般解は C_1 と C_2 を任意定数として

$$\boldsymbol{y} = C_1 e^{-x}\begin{pmatrix} 1 \\ 1 \end{pmatrix} + C_2 e^{-3x}\begin{pmatrix} 1 \\ -1 \end{pmatrix} \tag{4.2.4}$$

と表される．　　　　　　　　　　　　　　　　　　　　　　　　　■

　この例題 4.2.1 では固有値は 2 つとも実数であったが，固有値は虚数となることもありうる．この場合にも式 (4.2.2) は成り立つが，複素関数や複素ベクトルが現れる．ここで固有値が虚数である場合の解の取り扱いについて説明するために，複素数 $a + bi$ の指数関数値 e^{a+bi} を導入する．指数関数のテイラー展開に基づいて，虚数 bi の指数関数値 e^{bi} を

$$e^{bi} = 1 + \frac{bi}{1!} + \frac{(bi)^2}{2!} + \frac{(bi)^3}{3!} + \cdots + \frac{(bi)^n}{n!} + \cdots$$

によって定める．このとき，$i^2 = -1, i^3 = -i, i^4 = 1, \dots$ であるので，

$$e^{bi} = \left(1 - \frac{b^2}{2!} + \frac{b^4}{4!} - \frac{b^6}{6!} + \cdots\right) + i\left(\frac{b}{1!} - \frac{b^3}{3!} + \frac{b^5}{5!} - \frac{b^7}{7!} + \cdots\right)$$

である．三角関数のテイラー展開に注意すると，この等式より

$$e^{bi} = \cos b + i\sin b$$

と書くことができる．これを**オイラーの公式**という．また，実数の指数関数の指数法則が複素数でも成立するように，複素数 $a + bi$ の指数関数値 e^{a+bi} を

$$e^{a+bi} = e^a e^{bi} = e^a(\cos b + i\sin b)$$

と定める．

さて，微分方程式がすべて実数で記述され，初期条件もすべて実数で与えられるような場合は解も実数であることがわかるので，固有値が虚数であるような方程式の解を，次のように複素数を用いずに記述したほうがわかりやすい．

定理 4.2.2 実数を成分とする 2 次正方行列 A が複素固有値 $\lambda = p + qi$（p, q は実数，$q \neq 0$）をもつとし，対応する固有ベクトルを $\boldsymbol{v}$ とする．また，$\boldsymbol{v}$ の複素共役をとったものを $\bar{\boldsymbol{v}}$ とする．微分方程式 $\boldsymbol{y}' = A\boldsymbol{y}$ の解の成分がすべて実数となるとき，R と θ を実数の任意定数として，一般解は

$$\boldsymbol{y} = Re^{px}\cos(qx+\theta)\boldsymbol{u}_1 + Re^{px}\sin(qx+\theta)\boldsymbol{u}_2 \tag{4.2.5}$$

と表される．ただし

$$\boldsymbol{u}_1 = 2\operatorname{Re}(\boldsymbol{v}) = \boldsymbol{v} + \bar{\boldsymbol{v}},$$
$$\boldsymbol{u}_2 = -2\operatorname{Im}(\boldsymbol{v}) = i(\boldsymbol{v} - \bar{\boldsymbol{v}})$$

である．

[証明] 行列 A の固有方程式 $|\lambda I - A| = 0$ が虚数解 $\lambda = p + qi$ をもつとき，その共役複素数 $\bar{\lambda} = p - qi$ も固有方程式の解となる．$\bar{\lambda}$ に対応する固有ベクトルが $\bar{\boldsymbol{v}}$ であることに注意すると，定理 4.2.1 より，解 $\boldsymbol{y}$ は C_1 と C_2 を任意定数として

$$\boldsymbol{y} = C_1 e^{\lambda x}\boldsymbol{v} + C_2 e^{\bar{\lambda}x}\bar{\boldsymbol{v}} \tag{4.2.6}$$

と表される．また，$\boldsymbol{y}$ の複素共役をとったものは

$$\bar{\boldsymbol{y}} = \overline{C_1}e^{\bar{\lambda}x}\bar{\boldsymbol{v}} + \overline{C_2}e^{\lambda x}\boldsymbol{v}$$

と表される．解 $\boldsymbol{y}$ の成分はすべて実数であるので，$\boldsymbol{y} = \bar{\boldsymbol{y}}$ が成り立ち，係数比較より $C_2 = \overline{C_1}$ であることがわかる．したがって，C_1 の絶対値を R，偏角を θ として $C_1 = Re^{i\theta}$ と表す[3]と，$C_2 = Re^{-i\theta}$ と表せる．オイラーの公式を用いると，式 (4.2.6) は

$$\boldsymbol{y} = Re^{i\theta}e^{\lambda x}\boldsymbol{v} + Re^{-i\theta}e^{\bar{\lambda}x}\bar{\boldsymbol{v}}$$
$$= Re^{px+i(qx+\theta)}\boldsymbol{v} + Re^{px-i(qx+\theta)}\bar{\boldsymbol{v}}$$
$$= Re^{px}\{\cos(qx+\theta) + i\sin(qx+\theta)\}\boldsymbol{v}$$
$$\quad + Re^{px}\{\cos(qx+\theta) - i\sin(qx+\theta)\}\bar{\boldsymbol{v}}$$

---

3) 任意の複素数はこの形で表せる．

$$= Re^{px}\cos(qx+\theta)(\boldsymbol{v}+\bar{\boldsymbol{v}}) + iRe^{px}\sin(qx+\theta)(\boldsymbol{v}-\bar{\boldsymbol{v}})$$

と変形できる. よって, 式 (4.2.5) を得る. ■

また, 式 (4.2.5) は次のようにも書き換えられる.

> **系 4.2.1** 定理 4.2.2 の仮定が成り立つとき, C_1 と C_2 を実数の任意定数として, 一般解は
>
> $$\boldsymbol{y} = e^{px}\left(C_1\cos qx - C_2\sin qx\right)\boldsymbol{u}_1 + e^{px}\left(C_1\sin qx + C_2\cos qx\right)\boldsymbol{u}_2 \tag{4.2.7}$$
>
> と表される. ただし $\boldsymbol{u}_1 = \boldsymbol{v}+\bar{\boldsymbol{v}}$, $\boldsymbol{u}_2 = i(\boldsymbol{v}-\bar{\boldsymbol{v}})$ である.

[証明] 式 (4.2.5) において, $\cos(qx+\theta)$ と $\sin(qx+\theta)$ を加法定理で展開したうえで, $R\cos\theta = C_1$, $R\sin\theta = C_2$ とおけば, 式 (4.2.7) が得られる. ■

例題 4.2.2

$$A = \begin{pmatrix} 1 & -2 \\ 4 & -3 \end{pmatrix}$$

のとき, 連立微分方程式 $\boldsymbol{y}' = A\boldsymbol{y}$ の一般解を求めよ.

[解答] 行列 A の固有方程式は

$$|\lambda I - A| = \begin{vmatrix} \lambda - 1 & 2 \\ -4 & \lambda + 3 \end{vmatrix} = \lambda^2 + 2\lambda + 5 = 0$$

より, 固有値は $\lambda = -1 \pm 2i$ である. $\lambda = -1 + 2i$ のときは, 連立 1 次方程式 $(\lambda I - A)\boldsymbol{x} = \boldsymbol{0}$ の解 $\boldsymbol{x}$ は, t を任意定数として $\boldsymbol{x} = t\begin{pmatrix} 1 \\ 1-i \end{pmatrix}$ と表される.

よって, $\lambda = -1 + 2i$ に対応する固有ベクトルとして, 例えば $\boldsymbol{v} = \begin{pmatrix} 1 \\ 1-i \end{pmatrix}$ がとれる. したがって,

$$\boldsymbol{u}_1 = \begin{pmatrix} 1 \\ 1-i \end{pmatrix} + \begin{pmatrix} 1 \\ 1+i \end{pmatrix} = \begin{pmatrix} 2 \\ 2 \end{pmatrix}, \quad \boldsymbol{u}_2 = i\begin{pmatrix} 1 \\ 1-i \end{pmatrix} - i\begin{pmatrix} 1 \\ 1+i \end{pmatrix} = \begin{pmatrix} 0 \\ 2 \end{pmatrix}$$

とおくと, 求める一般解は R と θ を任意定数として

$$\boldsymbol{y} = Re^{-x}\cos(2x+\theta)\boldsymbol{u}_1 + Re^{-x}\sin(2x+\theta)\boldsymbol{u}_2$$

$$= Re^{-x} \cos(2x + \theta) \begin{pmatrix} 2 \\ 2 \end{pmatrix} + Re^{-x} \sin(2x + \theta) \begin{pmatrix} 0 \\ 2 \end{pmatrix}$$

と表される. ■

●**注意**　固有ベクトルと同様に, $\boldsymbol{u}_1$ や $\boldsymbol{u}_2$ には定数倍の自由度があり, 定数倍の部分は任意定数 R に吸収される. 例えば, 例題 4.2.2 において任意定数 $2R$ を R とおき直して, 一般解は

$$\boldsymbol{y} = Re^{-x} \cos(2x + \theta) \begin{pmatrix} 1 \\ 1 \end{pmatrix} + Re^{-x} \sin(2x + \theta) \begin{pmatrix} 0 \\ 1 \end{pmatrix}$$

としてもよい. さらに, 系 4.2.1 のように, 一般解の書き表し方を

$$\boldsymbol{y} = e^{-x}(C_1 \cos 2x - C_2 \sin 2x) \begin{pmatrix} 1 \\ 1 \end{pmatrix} + e^{-x}(C_1 \sin 2x + C_2 \cos 2x) \begin{pmatrix} 0 \\ 1 \end{pmatrix}$$

としてもよい.

4.2.4　例外パターン：行列 A の固有値が重解である場合

　行列 A の固有方程式が重解 λ をもつ場合でも, もし $\lambda I - A = O$ を満たす場合は, λ に対応する固有ベクトルが 2 つとれるので, 基本パターンのように解くことができる（すでに 4.2.1 項で述べた標準形 1 の形であるともとらえられる）. ただし $\lambda I - A \neq O$ である場合は, λ に対応する固有ベクトルが 1 つしかとれないので, 基本パターンのように標準形 1 に持ち込むことができない. この場合には, 例外パターンとして, 固有ベクトル $\boldsymbol{v}_1$ とは別のベクトル $\boldsymbol{v}_2$ を追加して $\boldsymbol{v}_1, \boldsymbol{v}_2$ が 1 次独立になるようにし, 標準形 2 に持ち込むことを考える.

定理 4.2.3　実数を成分とする 2 次正方行列 A の固有方程式が重解 λ をもつとし, $\lambda I - A \neq O$ とする. また, λ に対応する固有ベクトルを $\boldsymbol{v}_1$ とする. さらに, $\boldsymbol{v}_2$ は $A\boldsymbol{v}_2 = \boldsymbol{v}_1 + \lambda\boldsymbol{v}_2$ を満たすベクトルとすると, 微分方程式 $\boldsymbol{y}' = A\boldsymbol{y}$ の一般解は, C_1 と C_2 を任意定数として

$$\boldsymbol{y} = C_1 e^{\lambda x} \boldsymbol{v}_1 + C_2 e^{\lambda x}(x\boldsymbol{v}_1 + \boldsymbol{v}_2) \tag{4.2.8}$$

と表される.

[証明]　$\boldsymbol{v}_1$ と $\boldsymbol{v}_2$ が1次独立であることを比較的単純に示せる．よって $P = \begin{pmatrix} \boldsymbol{v}_1 & \boldsymbol{v}_2 \end{pmatrix}$ とおくと，P は逆行列をもつ．ここで

$$J = \begin{pmatrix} \lambda & 1 \\ 0 & \lambda \end{pmatrix}$$

とおけば，$AP = PJ$ を満たすので，$A = PJP^{-1}$ と表せる．よって，方程式は $\boldsymbol{y}' = PJP^{-1}\boldsymbol{y}$ と表せ，両辺に左から P^{-1} をかけることで $P^{-1}\boldsymbol{y}' = JP^{-1}\boldsymbol{y}$ と変形できる．ここで $\boldsymbol{z} = P^{-1}\boldsymbol{y}$ と座標変換すると，

$$\boldsymbol{z}' = J\boldsymbol{z}$$

と表せる．これは 4.2.2 項で述べた標準形2の形であり，C_1 と C_2 を任意定数 として $z_1 = C_1 e^{\lambda x} + C_2 x e^{\lambda x}, z_2 = C_2 e^{\lambda x}$ と解くことができる．この $\boldsymbol{z}$ を用 いて，求めるべき解ベクトル $\boldsymbol{y}$ は関係式 $\boldsymbol{y} = P\boldsymbol{z}$ より式 (4.2.8) と表されるこ とがわかる　∎

●**注意**　$A\boldsymbol{v}_2 = \boldsymbol{v}_1 + \lambda\boldsymbol{v}_2$ を満たす $\boldsymbol{v}_2$ としては，連立1次方程式

$$-(\lambda I - A)\boldsymbol{x} = \boldsymbol{v}_1$$

の解 $\boldsymbol{x}$ の一つをとればよい．

●**注意**　定理 4.2.3 の証明に現れた行列 J は**ジョルダン細胞**とよばれる．2次 正方行列 A の固有方程式が重解 λ をもつ場合，$A = \lambda I$ であるか，そうでない ときは，適当な正則行列 P により $P^{-1}AP$ をジョルダン細胞とすることがで きる．

例題 4.2.3

$$A = \begin{pmatrix} 5 & 4 \\ -1 & 1 \end{pmatrix}$$

のとき，連立微分方程式 $\boldsymbol{y}' = A\boldsymbol{y}$ の一般解を求めよ．

[解答]　行列 A の固有方程式は

$$|\lambda I - A| = \begin{vmatrix} \lambda - 5 & -4 \\ 1 & \lambda - 1 \end{vmatrix} = \lambda^2 - 6\lambda + 9 = (\lambda - 3)^2 = 0$$

より，固有値は $\lambda = 3$（重解）である．

例題 4.2.1 と同様にして，$\lambda = 3$ に対応する固有ベクトルとして，例えば

$\boldsymbol{v}_1 = \begin{pmatrix} 2 \\ -1 \end{pmatrix}$ がとれる．また，連立 1 次方程式 $-(\lambda I - A)\boldsymbol{x} = \boldsymbol{v}_1$ の解 $\boldsymbol{x}$ は，t

を任意定数として $\boldsymbol{x} = \begin{pmatrix} 1 \\ 0 \end{pmatrix} + t \begin{pmatrix} 2 \\ -1 \end{pmatrix}$ と表される．よって，$A\boldsymbol{v}_2 = \boldsymbol{v}_1 + \lambda\boldsymbol{v}_2$

を満たすベクトル $\boldsymbol{v}_2$ として，例えば $\boldsymbol{v}_2 = \begin{pmatrix} 1 \\ 0 \end{pmatrix}$ がとれる．

したがって，求める一般解は，C_1 と C_2 を任意定数として

$$\boldsymbol{y} = C_1 e^{3x} \begin{pmatrix} 2 \\ -1 \end{pmatrix} + C_2 e^{3x} \left\{ x \begin{pmatrix} 2 \\ -1 \end{pmatrix} + \begin{pmatrix} 1 \\ 0 \end{pmatrix} \right\}$$

と表される．   ■

　ここで，2 元の斉次定数係数 1 階連立線形微分方程式の解法をまとめておく．

---

2 元の斉次定数係数 1 階連立線形微分方程式の解法.

[0] 連立線形微分方程式を行列を使って表示し，係数行列 A を求める．

[1] 係数行列 A の固有値を求める．

[2] 固有値のケースに応じて，3 種類ある解の公式のいずれかを用いる．

　(a) 相異なる実数の固有値をもつ場合：

　　(i) 各固有値に対応する固有ベクトルを 1 つずつ求める．

　　(ii) 基本パターンなので，解の公式 (4.2.2) を用いる．

　(a′) 実数の固有値を 1 つだけもつ場合（ただし，A は対角行列）：

　　(i) 固有値に対応する固有ベクトルを 2 つ求める．

　　(ii) 基本パターンとみなし，解の公式 (4.2.2) を用いる．

　(b) 実数の固有値を 1 つだけもつ場合（ただし，A は対角行列ではない）：

　　(i) 固有値に対応する固有ベクトルを 1 つ求める．

　　(ii) 例外パターンなので，解の公式 (4.2.8) を用いる．

　(c) 相異なる互いに共役な複素数の固有値をもつ場合：

　　(i) 1 つの固有値 $\lambda = p + qi$ に対応する固有ベクトル（複素ベクトル）を 1 つ求める．

　　(ii) 解の公式 (4.2.5) または (4.2.7) を用いる．

4.2.5 行列の指数関数

未知関数が1つの微分方程式 $y' = ay$ の一般解は，C を任意定数として $y = e^{ax}C$ と表すことができた．同様にして，連立微分方程式 $y' = Ay$ の一般解は，行列の指数関数を導入することにより，c を任意定数ベクトルとして $y = e^{xA}c$ と表すことができる．ここでは，行列の指数関数とそれを用いた微分方程式の解法を説明する．

正方行列 X に対し，**行列の指数関数**（または，行列 X の**指数行列**）e^X は

$$e^X = \sum_{n=0}^{\infty} \frac{1}{n!} X^n$$

$$= I + X + \frac{1}{2!}X^2 + \frac{1}{3!}X^3 + \cdots + \frac{1}{n!}X^n + \cdots \tag{4.2.9}$$

で定義される（I は単位行列で，$X^0 = I$ と定義する）．行列の指数関数を定義する式 (4.2.9) の右辺の級数は「絶対収束」することが知られている．そのため級数は有限和と同じような取り扱いをすることが可能となり，その結果として，

$$\frac{d}{dx}e^{xA} = Ae^{xA}$$

が成立することがわかる（詳しい証明は省略する）．したがって，$y = e^{xA}c$ は

$$y' = \frac{d}{dx}\left(e^{xA}c\right) = \frac{d}{dx}\left(e^{xA}\right)c = Ae^{xA}c = A\left(e^{xA}c\right) = Ay$$

を満たすので，$y = e^{xA}c$ は連立微分方程式 $y' = Ay$ の解であることがわかる．

以下で基本的となる3通りの行列の指数関数の計算結果を示す．

命題 4.2.1 定数 λ_1, λ_2 に対して，行列 D を

$$D = \begin{pmatrix} \lambda_1 & 0 \\ 0 & \lambda_2 \end{pmatrix}$$

とおくと，スカラー変数 x に対し e^{xD} は

$$e^{xD} = \begin{pmatrix} e^{\lambda_1 x} & 0 \\ 0 & e^{\lambda_2 x} \end{pmatrix}$$

と表される．

[証明] 一般に非負の整数 n に対し，$\begin{pmatrix} a & 0 \\ 0 & b \end{pmatrix}^n = \begin{pmatrix} a^n & 0 \\ 0 & b^n \end{pmatrix}$ が成り立つこ

とを用いると，行列の指数関数の定義式 (4.2.9) より

$$e^{xD} = \sum_{n=0}^{\infty} \frac{1}{n!} \begin{pmatrix} \lambda_1 x & 0 \\ 0 & \lambda_2 x \end{pmatrix}^n = \sum_{n=0}^{\infty} \frac{1}{n!} \begin{pmatrix} (\lambda_1 x)^n & 0 \\ 0 & (\lambda_2 x)^n \end{pmatrix}$$

$$= \begin{pmatrix} \sum_{n=0}^{\infty} \frac{1}{n!}(\lambda_1 x)^n & 0 \\ 0 & \sum_{n=0}^{\infty} \frac{1}{n!}(\lambda_2 x)^n \end{pmatrix} = \begin{pmatrix} e^{\lambda_1 x} & 0 \\ 0 & e^{\lambda_2 x} \end{pmatrix}$$

と変形できる．よって示された．   ■

命題 4.2.2 実数の定数 p と q に対して，行列 K を

$$K = \begin{pmatrix} p & -q \\ q & p \end{pmatrix}$$

とおくと，スカラー変数 x に対し e^{xK} は

$$e^{xK} = e^{px} \begin{pmatrix} \cos qx & -\sin qx \\ \sin qx & \cos qx \end{pmatrix}$$

と表される．

[証明] K の固有値は $p+qi$ と $p-qi$ であり，それぞれに対応する固有ベ

クトルとしてそれぞれ $\begin{pmatrix} 1 \\ -i \end{pmatrix}$，$\begin{pmatrix} 1 \\ i \end{pmatrix}$ がとれる．よって，$P = \begin{pmatrix} 1 & 1 \\ -i & i \end{pmatrix}$ とお

き，$D = \begin{pmatrix} p+qi & 0 \\ 0 & p-qi \end{pmatrix}$ とすれば，$K = PDP^{-1}$ と表せる．一般に非負

の整数 n に対して $(PDP^{-1})^n = PD^nP^{-1}$ が成り立つことと，オイラーの公

式を用いると，行列の指数関数の定義式 (4.2.9) より

$$e^{xK} = \sum_{n=0}^{\infty} \frac{1}{n!}(PDP^{-1})^n x^n = \sum_{n=0}^{\infty} \frac{1}{n!} PD^nP^{-1} x^n$$

$$= P\left(\sum_{n=0}^{\infty} \frac{1}{n!} \begin{pmatrix} (p+iq)^n & 0 \\ 0 & (p-iq)^n \end{pmatrix} x^n\right) P^{-1}$$

$$= P \begin{pmatrix} \sum_{n=0}^{\infty} \dfrac{1}{n!}(p+iq)^n x^n & 0 \\ 0 & \sum_{k=0}^{\infty} \dfrac{1}{n!}(p-iq)^n x^n \end{pmatrix} P^{-1}$$

$$= P \begin{pmatrix} e^{px+iqx} & 0 \\ 0 & e^{px-iqx} \end{pmatrix} P^{-1}$$

$$= P \begin{pmatrix} e^{px}(\cos qx + i\sin qx) & 0 \\ 0 & e^{px}(\cos qx - i\sin qx) \end{pmatrix} P^{-1}$$

となり，最後の式を計算することで結論の式が得られる．　　■

命題 4.2.3 定数 λ に対し，行列 J を

$$J = \begin{pmatrix} \lambda & 1 \\ 0 & \lambda \end{pmatrix}$$

とおくと，スカラー変数 x に対し e^{xJ} は

$$e^{xJ} = \begin{pmatrix} e^{\lambda x} & xe^{\lambda x} \\ 0 & e^{\lambda x} \end{pmatrix}$$

と表される．

[証明]　行列 N を $N = J - \lambda I$ とおく．$(\lambda I)N = N(\lambda I)$ が成り立つこと と，$N^2 = O$ であることを用いると，二項定理より

$$J^n = (\lambda I + N)^n = \lambda^n I + n\lambda^{n-1} N$$

が正の整数 n に対して成り立つ．よって，行列の指数関数の定義式 (4.2.9) より

$$e^{xJ} = I + \sum_{n=1}^{\infty} \frac{1}{n!}(\lambda I + N)^n x^n = I + \sum_{n=1}^{\infty} \frac{1}{n!}(\lambda^n I + n\lambda^{n-1}N)x^n$$

$$= I + \sum_{n=1}^{\infty} \frac{1}{n!}(\lambda x)^n I + x\sum_{n=1}^{\infty} \frac{1}{(n-1)!}(\lambda x)^{n-1} N$$

$$= \sum_{n=0}^{\infty} \frac{1}{n!}(\lambda x)^n I + x\sum_{n=0}^{\infty} \frac{1}{n!}(\lambda x)^n N$$

$$= e^{\lambda x} I + xe^{\lambda x} N$$

と変形できる．これは示すべき式と等しい．　　■

以下の例題が示すように，行列 A の指数関数を求めるには，行列 A が相異なる実固有値をもつ場合，または重解 λ をもつが $\lambda I - A = O$ を満たす場合は命題 4.2.1 に帰着できる．また，行列 A が共役な複素固有値をもつ場合は命題 4.2.2 に帰着でき，行列 A が重解 λ をもち $\lambda I - A \neq O$ である場合は命題 4.2.3 に帰着できる．

以下に，例題 4.2.1，例題 4.2.2，例題 4.2.3 と同じ問題を，行列の指数関数を使って解いてみる．

例題 4.2.4 例題 4.2.1 の行列 $A = \begin{pmatrix} -2 & 1 \\ 1 & -2 \end{pmatrix}$ に対し，連立微分方程式 $\boldsymbol{y}' = A\boldsymbol{y}$ の一般解を求めよ．

[解答] A の固有値 -1, -3 を対角に並べた対角行列を $D = \begin{pmatrix} -1 & 0 \\ 0 & -3 \end{pmatrix}$，

対応する固有ベクトルを並べた行列を $P = \begin{pmatrix} 1 & 1 \\ 1 & -1 \end{pmatrix}$ とおく．P は A を対角化させる正則行列であり，$D = P^{-1}AP$ が成り立つ．$A = PDP^{-1}$ であるので，方程式は $\boldsymbol{y}' = PDP^{-1}\boldsymbol{y}$ と表せ，両辺に左から P^{-1} をかけることで，$P^{-1}\boldsymbol{y}' = DP^{-1}\boldsymbol{y}$ と変形できる．ここで $\boldsymbol{z} = P^{-1}\boldsymbol{y}$ と座標変換すると，$\boldsymbol{z}' = D\boldsymbol{z}$ を得る．よって，C_1, C_2 を任意定数とすれば，$\boldsymbol{z}$ の一般解は

$$\boldsymbol{z} = e^{xD} \begin{pmatrix} C_1 \\ C_2 \end{pmatrix} = \begin{pmatrix} e^{-x} & 0 \\ 0 & e^{-3x} \end{pmatrix} \begin{pmatrix} C_1 \\ C_2 \end{pmatrix} = \begin{pmatrix} C_1 e^{-x} \\ C_2 e^{-3x} \end{pmatrix}$$

と表せる．

したがって，求める一般解 $\boldsymbol{y}$ は

$$\boldsymbol{y} = P\boldsymbol{z} = C_1 e^{-x} \begin{pmatrix} 1 \\ 1 \end{pmatrix} + C_2 e^{-3x} \begin{pmatrix} 1 \\ -1 \end{pmatrix}$$

である．   ■

例題 4.2.5 例題 4.2.2 の行列 $A = \begin{pmatrix} 1 & -2 \\ 4 & -3 \end{pmatrix}$ に対し，連立微分方程式 $\boldsymbol{y}' = A\boldsymbol{y}$ の一般解を求めよ．

［解答］ A の固有値 $-1+2i$, $-1-2i$ に対応する固有ベクトルをそれぞれ

$$\boldsymbol{v}_1 = \begin{pmatrix} 1 \\ 1-i \end{pmatrix}, \boldsymbol{v}_2 = \begin{pmatrix} 1 \\ 1+i \end{pmatrix} \text{とし, } \boldsymbol{u}_1 = \boldsymbol{v}_1 + \boldsymbol{v}_2, \boldsymbol{u}_2 = i(\boldsymbol{v}_1 - \boldsymbol{v}_2) \text{とお}$$

く. さらに $U = \begin{pmatrix} \boldsymbol{u}_1 & \boldsymbol{u}_2 \end{pmatrix}$ とおくと,

$$U^{-1}AU = \begin{pmatrix} -1 & -2 \\ 2 & -1 \end{pmatrix}$$

が成り立つ. よって, この右辺の行列を K とおけば, 方程式は $\boldsymbol{y}' = UKU^{-1}\boldsymbol{y}$ と表せ, 両辺に左から U^{-1} をかけることで $U^{-1}\boldsymbol{y}' = KU^{-1}\boldsymbol{y}$ と変形できる. ここで, $\boldsymbol{z} = U^{-1}\boldsymbol{y}$ と座標変換すると, $\boldsymbol{z}' = K\boldsymbol{z}$ を得る. よって, C_1, C_2 を 任意定数とすれば, $\boldsymbol{z}$ の一般解は

$$\boldsymbol{z} = e^{xK} \begin{pmatrix} C_1 \\ C_2 \end{pmatrix} = e^{-x} \begin{pmatrix} \cos 2x & -\sin 2x \\ \sin 2x & \cos 2x \end{pmatrix} \begin{pmatrix} C_1 \\ C_2 \end{pmatrix}$$

$$= e^{-x} \begin{pmatrix} C_1 \cos 2x - C_2 \sin 2x \\ C_1 \sin 2x + C_2 \cos 2x \end{pmatrix}$$

となる.

したがって, 求める $\boldsymbol{y}$ は

$$\boldsymbol{y} = U\boldsymbol{z}$$

$$= e^{-x}(C_1 \cos 2x - C_2 \sin 2x)\boldsymbol{u}_1 + e^{-x}(C_1 \sin 2x + C_2 \cos 2x)\boldsymbol{u}_2$$

$$= e^{-x}(C_1 \cos 2x - C_2 \sin 2x) \begin{pmatrix} 2 \\ 2 \end{pmatrix} + e^{-x}(C_1 \sin 2x + C_2 \cos 2x) \begin{pmatrix} 0 \\ 2 \end{pmatrix}$$

である. ∎

●**注意**　例題 4.2.5 で求めた一般解において, $C_1 = R\cos\theta$, $C_2 = R\sin\theta$ とお き直すと, 例題 4.2.2 で求めた一般解に一致する.

●**注意**　一般に 2 次正方行列 A の固有値が $p+qi$ と $p-qi$ で, 対応する固 有ベクトルを $\boldsymbol{v}_1$ と $\boldsymbol{v}_2$ とするとき, $\boldsymbol{u}_1 = \boldsymbol{v}_1 + \boldsymbol{v}_2$, $\boldsymbol{u}_2 = i(\boldsymbol{v}_1 - \boldsymbol{v}_2)$ とおき, $U = \begin{pmatrix} \boldsymbol{u}_1 & \boldsymbol{u}_2 \end{pmatrix}$ とおくと, $U^{-1}AU = \begin{pmatrix} p & -q \\ q & p \end{pmatrix}$ と命題 4.2.2 の形に帰着で きる.

例題 4.2.6 例題 4.2.3 の行列 $A = \begin{pmatrix} 5 & 4 \\ -1 & 1 \end{pmatrix}$ に対し, 連立微分方程式 $\boldsymbol{y}' = A\boldsymbol{y}$ の一般解を求めよ.

[解答] 行列 A の固有値は $\lambda = 3$ (重解) であり, 対応する固有ベクトルとして $\boldsymbol{v}_1 = \begin{pmatrix} 2 \\ -1 \end{pmatrix}$ がとれる. 例題 4.2.3 の解答と同じように, $A\boldsymbol{v}_2 = \boldsymbol{v}_1 + 3\boldsymbol{v}_2$ を満たす $\boldsymbol{v}_2$ として, $\boldsymbol{v}_2 = \begin{pmatrix} 1 \\ 0 \end{pmatrix}$ を選ぶ. このとき, $P = (\boldsymbol{v}_1 \ \boldsymbol{v}_2)$ とおくと,

$$P^{-1}AP = \begin{pmatrix} 3 & 1 \\ 0 & 3 \end{pmatrix}$$

が成り立つ. よって, この右辺の行列を J とおけば, 方程式は $\boldsymbol{y}' = PJP^{-1}\boldsymbol{y}$ と表せ, 両辺に左から P^{-1} をかけることで, $P^{-1}\boldsymbol{y}' = JP^{-1}\boldsymbol{y}$ と変形できる. ここで $\boldsymbol{z} = P^{-1}\boldsymbol{y}$ と座標変換すると, $\boldsymbol{z}' = J\boldsymbol{z}$ を得る. よって, C_1, C_2 を任意定数とすれば, $\boldsymbol{z}$ の一般解は

$$\boldsymbol{z} = e^{xJ}\begin{pmatrix} C_1 \\ C_2 \end{pmatrix} = \begin{pmatrix} e^{3x} & xe^{3x} \\ 0 & e^{3x} \end{pmatrix}\begin{pmatrix} C_1 \\ C_2 \end{pmatrix} = \begin{pmatrix} C_1e^{3x} + C_2xe^{3x} \\ C_2e^{3x} \end{pmatrix}$$

となる.

したがって, 求める $\boldsymbol{y}$ は

$$\boldsymbol{y} = P\begin{pmatrix} C_1e^{3x} + C_2xe^{3x} \\ C_2e^{3x} \end{pmatrix}$$

$$= C_1e^{3x}\begin{pmatrix} 2 \\ -1 \end{pmatrix} + C_2e^{3x}\left\{ x\begin{pmatrix} 2 \\ -1 \end{pmatrix} + \begin{pmatrix} 1 \\ 0 \end{pmatrix} \right\}$$

である.   ■

係数行列 A の指数関数 e^{xA} を計算すれば, 微分方程式 $\boldsymbol{y}' = A\boldsymbol{y}$ の一般解を求めることができるが, 実際には, 命題 4.2.1, 命題 4.2.2, 命題 4.2.3 にあげられた「標準形」の指数関数を計算するだけで十分である. 最後に, 指数関数を利用した 2 元の斉次定数係数 1 階連立線形微分方程式の解法をまとめておく.

2元の斉次定数係数1階連立線形微分方程式の解法（行列の指数関数利用）.

[0] 連立線形微分方程式を行列を使って表示し，係数行列 A を求める.

[1] 係数行列 A の固有値を求める.

[2] 固有値のケースに応じて，3種類ある行列の標準形のいずれかに持ち込む.

　(a) 相異なる実数の固有値をもつ場合：

　　(i) 行列 A を対角化させる正則行列 P と対角化させた結果の対角行列 $D = P^{-1}AP$ を求める.

　　(ii) 命題 4.2.1 に従って，e^{xD} を計算する.

　　(iii) 座標変換 $z = P^{-1}y$ により得られた微分方程式 $z' = Dz$ の一般解として，$z = e^{xD}c$ を求める. ただし，c は任意定数ベクトルである.

　　(iv) $y = Pz$ を計算して，一般解を求める.

　(a') 実数の固有値を1つだけもつ場合（ただし，A は対角行列）：

　　(i) $D = A$ とおく.

　　(ii) 命題 4.2.1 に従って，e^{xD} を計算する.

　　(iii) 微分方程式 $y' = Dy$ の一般解として，$y = e^{xD}c$ を求める. ただし，c は任意定数ベクトルである.

　(b) 実数の固有値を1つだけもつ場合（ただし，A は対角行列ではない）：

　　(i) 行列 A を適当な正則行列 P により，ジョルダン細胞 $J = P^{-1}AP$ へ変形する.

　　(ii) 命題 4.2.2 に従って，e^{xJ} を計算する.

　　(iii) これ以降の手順は (a) の場合と同じ手順である.

　(c) 相異なる互いに共役な複素数の固有値をもつ場合：

　　(i) 固有値 $\lambda = p \pm qi$ のそれぞれに対応する固有ベクトル（複素ベクトル）を求める. 例題 4.2.5 後の注意（p.65）で述べた方法で，正則行列 U と $K = U^{-1}AU$ を求める.

　　(ii) 命題 4.2.3 に従って，e^{xK} を計算する.

　　(iii) 座標変換 $z = U^{-1}y$ により得られた微分方程式 $z' = Kz$ の一般解として，$z = e^{xK}c$ を求める. ただし，c は任意定数ベクトルである.

　　(iv) $y = Uz$ を計算して，一般解を求める.

演習問題

4.2.1 行列 A が次で与えられるとき, 微分方程式 $\boldsymbol{y}' = A\boldsymbol{y}$ の一般解を求めよ.

(1) $A = \begin{pmatrix} 0 & 1 \\ -6 & 5 \end{pmatrix}$　　(2) $A = \begin{pmatrix} 1 & -1 \\ 4 & 1 \end{pmatrix}$　　(3) $A = \begin{pmatrix} 2 & 0 \\ 0 & 2 \end{pmatrix}$

(4) $A = \begin{pmatrix} 4 & -1 \\ 4 & 0 \end{pmatrix}$　　(5) $A = \begin{pmatrix} 1 & 3 \\ 2 & 2 \end{pmatrix}$　　(6) $A = \begin{pmatrix} 2 & -3 \\ 1 & 2 \end{pmatrix}$

4.3　3元以上の定数係数 1 階連立線形微分方程式の取り扱い ―

　これまでは 2 元の連立方程式を扱ってきたが, 3 元以上の連立方程式も 2 元の場合の考え方 (座標変換 $\boldsymbol{y} = P\boldsymbol{z}$) を用いて, あるいは, 行列の指数関数を用いて取り扱うことができる. ここでは, 3 元の斉次な定数係数 1 階連立微分方程式 $\boldsymbol{y}' = A\boldsymbol{y}$ の座標変換を用いた考え方を簡単に紹介する. この場合, 係数行列 A は 3 次正方行列である.

4.3.1　A が相異なる 3 つの固有値 λ_1, λ_2, λ_3 をもつ場合

　3 つの固有値 λ_1, λ_2, λ_3 のそれぞれに対応する固有ベクトル $\boldsymbol{v}_1$, $\boldsymbol{v}_2$, $\boldsymbol{v}_3$ を用いて, 正則行列 $P = \begin{pmatrix} \boldsymbol{v}_1 & \boldsymbol{v}_2 & \boldsymbol{v}_3 \end{pmatrix}$ を考える. 座標変換 $\boldsymbol{z} = P^{-1}\boldsymbol{y}$ をすることで,

$$\boldsymbol{z}' = \begin{pmatrix} \lambda_1 & 0 & 0 \\ 0 & \lambda_2 & 0 \\ 0 & 0 & \lambda_3 \end{pmatrix} \boldsymbol{z}$$

の形に持ち込むことができる. このとき, 一般解は C_1, C_2, C_3 を任意定数として

$$\boldsymbol{y} = P\boldsymbol{z} = C_1 e^{\lambda_1 x} \boldsymbol{v}_1 + C_2 e^{\lambda_2 x} \boldsymbol{v}_2 + C_3 e^{\lambda_3 x} \boldsymbol{v}_3$$

と表される.

　また, λ_2 と λ_3 が $\lambda_2 = p + iq$, $\lambda_3 = p - iq$ と共役複素数の関係にあり, λ_1 が実数の場合には, $\boldsymbol{u}_2 = \boldsymbol{v}_2 + \boldsymbol{v}_3$, $\boldsymbol{u}_3 = i(\boldsymbol{v}_2 - \boldsymbol{v}_3)$ とおくことで,

$$\boldsymbol{y} = Ce^{\lambda_1 x} \boldsymbol{v}_1 + Re^{px} \cos(qx + \theta) \boldsymbol{u}_2 + Re^{px} \sin(qx + \theta) \boldsymbol{u}_3$$

$$(C, R, \theta \text{ は任意定数})$$

という表式を得ることができる.

4.3.2 A が重解である固有値をもつ場合

(i) A の1次独立な固有ベクトルが合計3つとれる場合[4]：

4.3.1項の相異なる3つの固有値をもつ場合と同様の式を用いて解くことができる.

(ii) $\lambda_1 \neq \lambda_2$ かつ $\lambda_2 = \lambda_3$（重解）である場合で，固有値 $\lambda_2 = \lambda_3$ に対応する1次独立な固有ベクトルが1つしかとれない場合[5]：

この場合は2元の場合の例外パターン（4.2.4項）に対応する. λ_1 と λ_2 に対応する固有ベクトルをそれぞれ $\boldsymbol{v}_1$ と $\boldsymbol{v}_2$ とする. $-(\lambda_2 I - A)\boldsymbol{v}_3 = \boldsymbol{v}_2$ を満たすベクトル $\boldsymbol{v}_3$ を用いて，正則行列 $P = \begin{pmatrix} \boldsymbol{v}_1 & \boldsymbol{v}_2 & \boldsymbol{v}_3 \end{pmatrix}$ を考える. 座標変換 $\boldsymbol{z} = P^{-1}\boldsymbol{y}$ をすることで，

$$\boldsymbol{z}' = \begin{pmatrix} \lambda_1 & 0 & 0 \\ 0 & \lambda_2 & 1 \\ 0 & 0 & \lambda_2 \end{pmatrix} \boldsymbol{z}$$

の形に持ち込むことができる. このとき一般解は C_1, C_2, C_3 を任意定数として

$$\boldsymbol{y} = C_1 e^{\lambda_1 x}\boldsymbol{v}_1 + C_2 e^{\lambda_2 x}\boldsymbol{v}_2 + C_3 e^{\lambda_2 x}(x\boldsymbol{v}_2 + \boldsymbol{v}_3)$$

と表される.

(iii) $\lambda_1 = \lambda_2 = \lambda_3$（3重解）の場合で，固有値 $\lambda_1 = \lambda_2 = \lambda_3$ に対応する1次独立な固有ベクトルが2つしかとれない場合[6]：

$\lambda_1 = \lambda_2 = \lambda_3$ に対して，1次独立な2つの固有ベクトル $\boldsymbol{v}_1, \boldsymbol{v}_2$ を求める. 第3のベクトル $\boldsymbol{v}_3$ として，$-(\lambda_1 I - A)\boldsymbol{v}_3 = \boldsymbol{v}_2$ を満たすように選ぶ. (ii) と同様の座標変換を用いることで，

$$\boldsymbol{z}' = \begin{pmatrix} \lambda_1 & 0 & 0 \\ 0 & \lambda_1 & 1 \\ 0 & 0 & \lambda_1 \end{pmatrix} \boldsymbol{z}$$

の形に持ち込むことができる. 求める一般解も，(ii) と同様の式となる.

(iv) $\lambda_1 = \lambda_2 = \lambda_3$（3重解）の場合で，固有値 $\lambda_1 = \lambda_2 = \lambda_3$ に対応する1次独立な固有ベクトルが1つしかとれない場合[7]：

---

4) 3つの固有値の固有空間の次元の総和が3であること. 4.3.1項および4.3.2項 (i) は係数行列 A が対角化可能であることに対応する.
5) 固有値 $\lambda_2 = \lambda_3$ の固有空間の次元が1であること.
6) 固有値 $\lambda_1 = \lambda_2 = \lambda_3$ の固有空間の次元が2であること.
7) 固有値 $\lambda_1 = \lambda_2 = \lambda_3$ の固有空間の次元が1であること.

$\lambda_1 = \lambda_2 = \lambda_3$ の固有ベクトル $\boldsymbol{v}_1$ に対して,$-(\lambda_1 I - A)\boldsymbol{v}_2 = \boldsymbol{v}_1$ を満たす $\boldsymbol{v}_2$,および $-(\lambda_1 I - A)\boldsymbol{v}_3 = \boldsymbol{v}_2$ を満たす $\boldsymbol{v}_3$ を用いて,(ii) と同様の座標変換を用いると,

$$\boldsymbol{z}' = \begin{pmatrix} \lambda_1 & 1 & 0 \\ 0 & \lambda_1 & 1 \\ 0 & 0 & \lambda_1 \end{pmatrix} \boldsymbol{z}$$

の形に持ち込むことができる.このとき,一般解は C_1, C_2, C_3 を任意定数として

$$\boldsymbol{y} = C_1 e^{\lambda_1 x} \boldsymbol{v}_1 + C_2 e^{\lambda_1 x}(x\boldsymbol{v}_1 + \boldsymbol{v}_2) + C_3 e^{\lambda_1 x}\left(\frac{1}{2}x^2\boldsymbol{v}_1 + x\boldsymbol{v}_2 + \boldsymbol{v}_3\right)$$

と表される.

3 元連立微分方程式については以上の場合分けで尽くされる.4 元以上の場合も同様に基本パターンと例外パターンを考えていけばよい[8].

演習問題
4.3.1 行列 A が次で与えられるとき,微分方程式 $\boldsymbol{y}' = A\boldsymbol{y}$ の一般解を求めよ.

(1) $A = \begin{pmatrix} 1 & 2 & 1 \\ 1 & 0 & -1 \\ 1 & 1 & 1 \end{pmatrix}$ (2) $A = \begin{pmatrix} 2 & -1 & 0 \\ 0 & 2 & -1 \\ 1 & 1 & 3 \end{pmatrix}$

(3) $A = \begin{pmatrix} 0 & -2 & -1 \\ 2 & 5 & 2 \\ 1 & 2 & 2 \end{pmatrix}$ (4) $A = \begin{pmatrix} 3 & 0 & 0 \\ 0 & 3 & 0 \\ 0 & 0 & 3 \end{pmatrix}$

(5) $A = \begin{pmatrix} 3 & -2 & -2 \\ 1 & 4 & -1 \\ 1 & -1 & 0 \end{pmatrix}$ (6) $A = \begin{pmatrix} 3 & 1 & 0 \\ -1 & 1 & 0 \\ 1 & 1 & 2 \end{pmatrix}$

(7) $A = \begin{pmatrix} 3 & 2 & 1 \\ -1 & 2 & 1 \\ 1 & 0 & 1 \end{pmatrix}$ (8) $A = \begin{pmatrix} 2 & -1 & 0 \\ -1 & 1 & -1 \\ 0 & -1 & 2 \end{pmatrix}$

---

8) 線形代数学の言葉を借りると,ジョルダン標準形への変形を考えればよい.

4.4　斉次な 1 階連立線形微分方程式の性質

　前節までは定数係数，つまり行列 A の成分 a_{ij} がすべて定数の場合に限って
いたが，ここでは一般に変数係数，つまり A の成分が有界な連続関数の場合を
含めて，斉次な連立 1 階線形微分方程式 $\boldsymbol{y}' = A\boldsymbol{y}$ の性質について述べる．ま
ず，解の線形性とよばれる次の性質が成り立つ．

定理 4.4.1（解の線形性）　$\boldsymbol{y}_1$ と $\boldsymbol{y}_2$ をそれぞれ微分方程式 $\boldsymbol{y}' = A\boldsymbol{y}$ の解とす
る．このとき，c_1, c_2 を任意定数として $\boldsymbol{z} = c_1\boldsymbol{y}_1 + c_2\boldsymbol{y}_2$ とおくと，この $\boldsymbol{z}$ も
微分方程式 $\boldsymbol{y}' = A\boldsymbol{y}$ の解である．

　[証明]　$\boldsymbol{y}_1' = A\boldsymbol{y}_1, \boldsymbol{y}_2' = A\boldsymbol{y}_2$ が成り立つので，

$$\boldsymbol{z}' = c_1\boldsymbol{y}_1' + c_2\boldsymbol{y}_2' = c_1 A\boldsymbol{y}_1 + c_2 A\boldsymbol{y}_2 = A(c_1\boldsymbol{y}_1 + c_2\boldsymbol{y}_2)$$

より $\boldsymbol{z}' = A\boldsymbol{z}$ が得られる．よって，$\boldsymbol{z}$ は微分方程式 $\boldsymbol{y}' = A\boldsymbol{y}$ の解である．　■

　n 元の連立 1 階線形微分方程式 $\boldsymbol{y}' = A\boldsymbol{y}$ は互いに 1 次独立な n 個の解をも
つことが次の定理によりわかる．ここで，通常のベクトルと同様に，ベクトル
値関数 $\boldsymbol{u}_1(x), \boldsymbol{u}_2(x), \ldots, \boldsymbol{u}_n(x)$ が **1 次独立**（**線形独立**）であるとは，x につ
いての恒等式

$$c_1\boldsymbol{u}_1(x) + c_2\boldsymbol{u}_2(x) + \cdots + c_n\boldsymbol{u}_n(x) = \boldsymbol{0}$$

を満たすような定数 $c_1, c_2, \ldots, c_n$ は $c_1 = c_2 = \cdots = c_n = 0$ に限るときを
いう．

定理 4.4.2　n 元の連立 1 階線形微分方程式 $\boldsymbol{y}' = A\boldsymbol{y}$ は n 個の互いに 1 次独立
な解をもつ．

　[証明]　第 i 成分が 1 であり，他の成分が 0 であるような n 次元ベクトル $\boldsymbol{e}_i$
$(i = 1, 2, \ldots, n)$ を考える[9]．解の存在と一意性（定理 4.1.1）より，初期条
件 $\boldsymbol{y}(x_0) = \boldsymbol{e}_i$ を満たす微分方程式 $\boldsymbol{y}' = A\boldsymbol{y}$ の解はただ 1 つ存在するので，そ
れを $\boldsymbol{y}_i$ とおく．$c_1, c_2, \ldots, c_n$ を定数として，恒等式

$$c_1\boldsymbol{y}_1(x) + c_2\boldsymbol{y}_2(x) + \cdots + c_n\boldsymbol{y}_n(x) = \boldsymbol{0}$$

が成り立つとき，この式は $x = x_0$ でも成り立つから，初期条件 $\boldsymbol{y}_i(x_0) = \boldsymbol{e}_i$
を用いると

---

9)　このようなベクトル $\boldsymbol{e}_i$ を**基本ベクトル**という．

$$c_1 \boldsymbol{e}_1 + c_2 \boldsymbol{e}_2 + \cdots + c_n \boldsymbol{e}_n = c_1 \boldsymbol{y}_1(x_0) + c_2 \boldsymbol{y}_2(x_0) + \cdots + c_n \boldsymbol{y}_n(x_0) = \boldsymbol{0}$$

が成り立つ. $\boldsymbol{e}_i$ $(i = 1, 2, \ldots, n)$ は明らかに 1 次独立であるので, $c_1 = c_2 = \cdots = c_n = 0$ でなければならない. よって, $\boldsymbol{y}_i$ $(i = 1, 2, \ldots, n)$ は 1 次独立である.

以上より, 微分方程式 $\boldsymbol{y}' = A\boldsymbol{y}$ を満たす 1 次独立な n 個の解 $\boldsymbol{y}_i$ $(i = 1, 2, \ldots, n)$ が存在することが示された. ∎

定理 4.4.2 でその存在が保証された, 微分方程式 $\boldsymbol{y}' = A\boldsymbol{y}$ を満たす n 個の 1 次独立なベクトル値関数の組 $\boldsymbol{y}_i(x)$ $(i = 1, 2, \ldots, n)$ を**基底**, または**基本解**という. また, 基底を並べた行列 $Y(x) = \begin{pmatrix} \boldsymbol{y}_1(x) & \boldsymbol{y}_2(x) & \cdots & \boldsymbol{y}_n(x) \end{pmatrix}$ を**基本行列**という. 基底の 1 次独立性より, 基本行列の行列式は任意の x について $|Y(x)| \neq 0$ であることがわかる[10]. このとき, 次の定理により, 微分方程式 $\boldsymbol{y}' = A\boldsymbol{y}$ の一般解は, 基底の 1 次結合の形に一意的に表すことができる.

定理 4.4.3 n 元の連立 1 階線形微分方程式 $\boldsymbol{y}' = A\boldsymbol{y}$ の基底を $\boldsymbol{y}_i$ $(i = 1, 2, \ldots, n)$ とすると, 一般解 $\boldsymbol{y}$ は任意定数 c_i $(i = 1, 2, \ldots, n)$ を用いて

$$\boldsymbol{y} = c_1 \boldsymbol{y}_1 + c_2 \boldsymbol{y}_2 + \cdots + c_n \boldsymbol{y}_n \tag{4.4.1}$$

と一意的に表される.

[証明] A の定義区間内に $x = x_0$ を 1 つとり, これを固定する. 次に, $\boldsymbol{z}_0$ を任意の n 次元ベクトルとし, $x = x_0$ のときの初期値を $\boldsymbol{y}(x_0) = \boldsymbol{z}_0$ とする. 定数 c_i $(i = 1, 2, \ldots, n)$ を,

$$c_1 \boldsymbol{y}_1(x_0) + c_2 \boldsymbol{y}_2(x_0) + \cdots + c_n \boldsymbol{y}_n(x_0) = \boldsymbol{z}_0$$

を満たすように決めることを考える. それには, 第 i 成分が c_i である n 次元ベクトルを $\boldsymbol{c}$, 第 i 列に $\boldsymbol{y}_i(x)$ を並べた行列を $Y(x)$ とすると, 連立 1 次方程式 $Y(x_0)\boldsymbol{c} = \boldsymbol{z}_0$ を解けばよい. 任意の x に対し $|Y(x)| \neq 0$ であるので, この連立 1 次方程式には一意解 $\boldsymbol{c} = Y(x_0)^{-1}\boldsymbol{z}_0$ が存在する. この求めた $\boldsymbol{c}$ を用いて

$$\boldsymbol{z} = c_1 \boldsymbol{y}_1 + c_2 \boldsymbol{y}_2 + \cdots + c_n \boldsymbol{y}_n$$

とおくと, 定理 4.4.1 により, この $\boldsymbol{z}$ は $\boldsymbol{z}' = A\boldsymbol{z}$ を満たし, かつ $\boldsymbol{c}$ のとり方から初期条件 $\boldsymbol{z}(x_0) = \boldsymbol{z}_0$ を満たすことがわかる. したがって, この $\boldsymbol{z}$ が解の

---

[10] 基底の 1 次独立性から, (i)「ある x_0 について $|Y(x_0)| \neq 0$」, (ii)「定義された区間 I 内の任意の x について $|Y(x)| \neq 0$」の 2 通りの場合が考えられるが, 微分方程式の解であるので, (ii) の状況であることがわかる.

1つである. また, 解は一意である (定理 4.1.1) ことより, これ以外に解は存在しない. さらに, z_0 は任意の n 次元ベクトルであったので, $c = Y^{-1}(x_0)z_0$ も任意の n 次元ベクトルとなる. ∎

係数行列 A の成分が関数の場合に基底を求めることは一般には難しいが, A が対角行列や三角行列である場合 (またはうまい座標変換でそのようにできる場合), 4.2.1 項や 4.2.2 項で述べたように, 各 y_i の線形1階微分方程式を解くことで求めることができる. また A が定数行列の場合は, 前節までに述べたようにして基底を求めることができる.

演習問題

4.4.1 行列 A が次で与えられるとき, 微分方程式 $\boldsymbol{y}' = A\boldsymbol{y}$ の一般解を求めよ. 必要ならば座標変換 $\boldsymbol{y} = \begin{pmatrix} 1 & 1 \\ 1 & -1 \end{pmatrix} \boldsymbol{z}$ を用いよ.

(1) $A = \begin{pmatrix} 1 & \sin x \\ 0 & 1 \end{pmatrix}$　(2) $A = \begin{pmatrix} 0 & 2x \\ 2x & 0 \end{pmatrix}$　(3) $A = \begin{pmatrix} x & 1-x \\ 1-x & x \end{pmatrix}$

4.5　非斉次な1階連立線形微分方程式

次に, 非斉次な1階連立線形微分方程式 (微分方程式 (4.1.2) で $\boldsymbol{b} \neq \boldsymbol{0}$ の場合) を考える. 前章 (定理 3.3.1 後の注意 (3)) と同様に, 連立線形微分方程式の場合も, 非斉次方程式の一般解は, 斉次方程式の一般解と非斉次方程式の特殊解の和で表されることが次のようにわかる.

> **定理 4.5.1** n 元の1階連立線形微分方程式 (4.1.2) の特殊解を $\boldsymbol{y}_*$ とし, 斉次微分方程式 $\boldsymbol{y}' = A\boldsymbol{y}$ の基底を $\boldsymbol{y}_i\ (i = 1, 2, \ldots, n)$ とする. このとき, 微分方程式 (4.1.2) の一般解 $\boldsymbol{y}$ は, 任意定数 $c_i\ (i = 1, 2, \ldots, n)$ を用いて
> $$\boldsymbol{y} = c_1\boldsymbol{y}_1 + c_2\boldsymbol{y}_2 + \cdots + c_n\boldsymbol{y}_n + \boldsymbol{y}_* \tag{4.5.1}$$
> と一意的に表される.

[証明]　一般解 $\boldsymbol{y}$ が満たす式 $\boldsymbol{y}' = A\boldsymbol{y} + \boldsymbol{b}$ から, 特殊解 $\boldsymbol{y}_*$ が満たす式 $\boldsymbol{y}_*' = A\boldsymbol{y}_* + \boldsymbol{b}$ を差し引くことで, 斉次微分方程式 $(\boldsymbol{y} - \boldsymbol{y}_*)' = A(\boldsymbol{y} - \boldsymbol{y}_*)$ が得られる. ここで斉次微分方程式の一般解は式 (4.4.1) のように一意的に表さ

れるので,

$$\boldsymbol{y} - \boldsymbol{y}_* = c_1\boldsymbol{y}_1 + c_2\boldsymbol{y}_2 + \cdots + c_n\boldsymbol{y}_n$$

が成り立つ. よって式 (4.5.1) を得る. ∎

　非斉次微分方程式の特殊解は, 前章と同じように定数変化法で求めることが
できる. まず, 斉次微分方程式 $\boldsymbol{y}' = A\boldsymbol{y}$ の一般解は式 (4.4.1) のように表せる
ので, 第 i 成分が c_i である n 次元ベクトルを $\boldsymbol{c}$, 第 i 列に $\boldsymbol{y}_i(x)$ を並べた行列
を $Y(x)$ とすると, 斉次微分方程式の一般解は $\boldsymbol{y} = Y(x)\boldsymbol{c}$ と表される. ここで
は $\boldsymbol{c}$ は定数ベクトルであるが, $\boldsymbol{c}$ を関数ベクトルとみなし, $\boldsymbol{y}_*(x) = Y(x)\boldsymbol{c}(x)$
の形で方程式 (4.1.2) を満たすものを探す. 方程式 (4.1.2) にこの $\boldsymbol{y}_*(x)$ を代
入すると,

$$Y'(x)\boldsymbol{c}(x) + Y(x)\boldsymbol{c}'(x) = A(Y(x)\boldsymbol{c}(x)) + \boldsymbol{b}$$

となる. さらに $\boldsymbol{y}_i' = A\boldsymbol{y}_i$ $(i = 1, 2, \ldots, n)$ より $Y'(x) = AY(x)$ が成り立つ
ことから, $Y(x)\boldsymbol{c}'(x) = \boldsymbol{b}$ が得られる. $|Y(x)| \neq 0$ より,

$$\boldsymbol{c}'(x) = Y(x)^{-1}\boldsymbol{b}$$

と変形できるので, この右辺を積分することで $\boldsymbol{c}(x)$ が求まる (積分定数の不
定性があるが, 知りたいのは特殊解であるので 1 つ求めればよい). この求め
た $\boldsymbol{c}(x)$ を用いて, $\boldsymbol{y}_*(x) = Y(x)\boldsymbol{c}(x)$ が求める特殊解になる. この特殊解 $\boldsymbol{y}_*$
を用いることで, 一般解は式 (4.5.1) のように表される.

例題 4.5.1 例題 4.2.1 の行列 A とベクトル値関数 $\boldsymbol{b} = e^{-2x} \begin{pmatrix} 3 \\ 1 \end{pmatrix}$ に対し, 連
立微分方程式 $\boldsymbol{y}' = A\boldsymbol{y} + \boldsymbol{b}$ の一般解を求めよ.

　[解答] 例題 4.2.1 の解答のようにして, 斉次微分方程式 $\boldsymbol{y}' = A\boldsymbol{y}$ の一般解
は C_1 と C_2 を任意定数として式 (4.2.3) と表される. そこで, $c_1(x)$ と $c_2(x)$
を関数とし, 非斉次微分方程式 $\boldsymbol{y}' = A\boldsymbol{y} + \boldsymbol{b}$ の特殊解 $\boldsymbol{y}_*(x)$ を

$$\boldsymbol{y}_*(x) = c_1(x) \begin{pmatrix} e^{-x} \\ e^{-x} \end{pmatrix} + c_2(x) \begin{pmatrix} e^{-3x} \\ -e^{-3x} \end{pmatrix}$$

の形で探す. これは基本行列 $Y(x)$ と関数ベクトル $\boldsymbol{c}(x)$ を

$$Y(x) = \begin{pmatrix} e^{-x} & e^{-3x} \\ e^{-x} & -e^{-3x} \end{pmatrix}, \quad \boldsymbol{c}(x) = \begin{pmatrix} c_1(x) \\ c_2(x) \end{pmatrix}$$

とおけば，$\boldsymbol{y}_*(x) = Y(x)\boldsymbol{c}(x)$ と表せる．この $\boldsymbol{y}_*(x)$ を方程式に代入して整理すると，$Y(x)\boldsymbol{c}'(x) = \boldsymbol{b}$ が得られるので，

$$\boldsymbol{c}'(x) = Y(x)^{-1}\boldsymbol{b} = \frac{1}{-2e^{-4x}}\begin{pmatrix} -e^{-3x} & -e^{-3x} \\ -e^{-x} & e^{-x} \end{pmatrix}\begin{pmatrix} 3e^{-2x} \\ e^{-2x} \end{pmatrix} = \begin{pmatrix} 2e^{-x} \\ e^{x} \end{pmatrix}$$

となる．したがって $C, \widetilde{C}$ を積分定数として

$$\boldsymbol{c}(x) = \begin{pmatrix} \displaystyle\int 2e^{-x}\,dx \\ \displaystyle\int e^{x}\,dx \end{pmatrix} = \begin{pmatrix} -2e^{-x} + C \\ e^{x} + \widetilde{C} \end{pmatrix}$$

が得られる．特殊解は 1 つ求めればよいので，$C = \widetilde{C} = 0$ とすると，$\boldsymbol{y}_*(x)$ は

$$\boldsymbol{y}_*(x) = Y(x)\boldsymbol{c}(x) = \begin{pmatrix} e^{-x} & e^{-3x} \\ e^{-x} & -e^{-3x} \end{pmatrix}\begin{pmatrix} -2e^{-x} \\ e^{x} \end{pmatrix} = \begin{pmatrix} -e^{-2x} \\ -3e^{-2x} \end{pmatrix}$$

と求まる．したがって求める一般解は，C_1 と C_2 を任意定数として

$$\boldsymbol{y} = C_1 e^{-x}\begin{pmatrix} 1 \\ 1 \end{pmatrix} + C_2 e^{-3x}\begin{pmatrix} 1 \\ -1 \end{pmatrix} + e^{-2x}\begin{pmatrix} -1 \\ -3 \end{pmatrix}$$

と表される．　　　　　　　　　　　　　　　　　　　　　　　　■

演習問題

4.5.1 行列 A とベクトル $\boldsymbol{b}$ が次で与えられるとき，微分方程式 $\boldsymbol{y}' = A\boldsymbol{y} + \boldsymbol{b}$ の一般解を求めよ．

(1) $A = \begin{pmatrix} 2 & -4 \\ 1 & -3 \end{pmatrix}$, $\boldsymbol{b} = \begin{pmatrix} 2 \\ 6 \end{pmatrix}$　　(2) $A = \begin{pmatrix} 2 & 1 \\ 1 & 2 \end{pmatrix}$, $\boldsymbol{b} = \begin{pmatrix} 2x^2 - 5x \\ x^2 - 6x + 3 \end{pmatrix}$

(3) $A = \begin{pmatrix} -5 & 9 \\ -2 & 4 \end{pmatrix}$, $\boldsymbol{b} = e^{-2x}\begin{pmatrix} 3 \\ 3 \end{pmatrix}$　　(4) $A = \begin{pmatrix} 1 & -2 \\ 1 & -1 \end{pmatrix}$, $\boldsymbol{b} = \begin{pmatrix} 2 \\ 2 \end{pmatrix}$

5

斉次な高階線形微分方程式

本章と次章において，高階線形微分方程式の解法を取り扱う．線形微分方程式は非線形微分方程式に比べて，その解が簡明な構造をしており，実用上においても大変重要な微分方程式の類である．本章では特に「斉次な」高階線形微分方程式を解くうえで必要となる概念を導入し，その解法を述べる．

5.1 高階線形微分方程式

以下では，特に断らない限り，関数は独立変数 x についての関数であるとする．

n 階線形微分方程式とは次の形のものをいう：

$$\frac{d^n y}{dx^n} + a_{n-1}(x)\frac{d^{n-1}y}{dx^{n-1}} + \cdots + a_1(x)\frac{dy}{dx} + a_0(x)y = f(x). \tag{5.1.1}$$

ここで $a_i(x)$ $(i = 0, 1, \ldots, n-1)$ と $f(x)$ は独立変数 x についての関数である．$\dfrac{d^n y}{dx^n}$ の係数に $a_n(x)$ をかけてある形も線形微分方程式という[1]．本章では簡単のため，主に (5.1.1) の形を考えることにする．第 3 章で取り扱った微分方程式 (3.1.1) は $n = 1$ の場合で，1 階線形微分方程式である．$n \geqq 2$ の場合をまとめて**高階**という．$f(x)$ が定数関数 0 であるとき，すなわち，次の形の微分方程式 (5.1.2) を**斉次方程式**という：

$$\frac{d^n y}{dx^n} + a_{n-1}(x)\frac{d^{n-1}y}{dx^{n-1}} + \cdots + a_1(x)\frac{dy}{dx} + a_0(x)y = 0. \tag{5.1.2}$$

そうでないとき，(5.1.1) を**非斉次方程式**という．さらに，$a_i(x)$ $(i = 0, 1, \ldots, n-1)$ のすべてが定数であるものを**定数係数線形微分方程式**という．

---

1) $a_n(x)$ で全体を割れば式 (5.1.1) の形になる．

以下，独立変数 x で微分することを意識したい場合を除いて，簡単のために $\dfrac{d^i y}{dx^i}$ を $y^{(i)}$ と書くこととする．用語の確認のため，例をあげる．

○例 **5.1.1** (1) $y'' + 3y' + 2y = 0$（斉次定数係数 2 階線形）．

(2) $y''' - 3y'' + 3y' - y = \cos x$（非斉次定数係数 3 階線形）．

(3) $y'' + (\cos x)y' + 2e^x y = 0$（斉次 2 階線形）．

(4) $y'' + (\log x)y' + 2e^{x^2} y = \tan x^2$（非斉次 2 階線形）．

(5) $(y'')^2 + 2y' + y^2 = 0$（非線形）．

定理 5.1.1 式 (5.1.1) の $a_i(x)$ $(i = 0, 1, \ldots, n-1)$ および $f(x)$ が，$x = x_0$ を含む区間 I 上で有界かつ連続であると仮定する．このとき，任意の定数 $K_0, K_1, \ldots, K_{n-1}$ に対して，初期条件

$$y(x_0) = K_0, \ y'(x_0) = K_1, \ \ldots, \ y^{(n-1)}(x_0) = K_{n-1}$$

を満たす微分方程式 (5.1.1) の解が区間 I において一意的に存在する．

［証明］　微分方程式 (5.1.1) は次のように連立微分方程式の形に書き直すことができる：

$$\begin{pmatrix} y' \\ y'' \\ \vdots \\ y^{(n-1)} \\ y^{(n)} \end{pmatrix} = A \begin{pmatrix} y \\ y' \\ \vdots \\ y^{(n-2)} \\ y^{(n-1)} \end{pmatrix} + \begin{pmatrix} 0 \\ 0 \\ \vdots \\ 0 \\ f(x) \end{pmatrix}. \tag{5.1.3}$$

ただし，

$$A = \begin{pmatrix} 0 & 1 & 0 & 0 & \ldots & 0 & 0 \\ 0 & 0 & 1 & 0 & \ldots & 0 & 0 \\ \vdots & \vdots & \vdots & \vdots & \vdots & \vdots & \vdots \\ 0 & 0 & 0 & 0 & \ldots & 0 & 1 \\ -a_0(x) & -a_1(x) & -a_2(x) & -a_3(x) & \ldots & -a_{n-2}(x) & -a_{n-1}(x) \end{pmatrix}.$$

ここで，$y_1 = y, y_2 = y', \ldots, y_n = y^{(n-1)}$ とおき，y_i を第 i 成分とする n 次元縦ベクトルを $\boldsymbol{y}$ とする．さらに，第 n 成分を $f(x)$，それ以外の成分は 0 である n 次元縦ベクトルを $\boldsymbol{b}$ とする．このとき，方程式 (5.1.3) は連立線形

微分方程式 $\boldsymbol{y}' = A\boldsymbol{y} + \boldsymbol{b}$ となる．また，この連立線形微分方程式の初期条件 $\boldsymbol{y}(x_0)$ は第 i 成分が K_{i-1} である n 次元縦ベクトルである．定理 4.1.1 より，この連立線形微分方程式について与えられた初期条件を満たす解が一意的に存在する．特に，式 (5.1.1) と与えられた初期条件を満たす $y = y_1$ が一意的に存在する． ∎

5.2 関数の１次独立性とロンスキアン

ベクトルやベクトル値関数（第 4 章）の場合と同様に，関数についても１次独立と１次従属を定義することができる．n 個の関数 $y_1, y_2, \ldots, y_n$ が **１次独立（線形独立）** であるとは，x についての恒等式

$$c_1 y_1 + c_2 y_2 + \cdots + c_n y_n = 0$$

を満たす定数 $c_1, c_2, \ldots, c_n$ は $c_1 = c_2 = \cdots = c_n = 0$ のときに限ることをいう．１次独立ではないことを **１次従属（線形従属）** という．

○例 **5.2.1** (1) 異なる定数 α, β に対して，関数 $e^{\alpha x}, e^{\beta x}$ を考える．x についての恒等式 $c_1 e^{\alpha x} + c_2 e^{\beta x} = 0$ について，$c_1 \neq 0$ と仮定すると，$e^{(\alpha - \beta)x} = -\dfrac{c_2}{c_1}$ となる．$\alpha \neq \beta$ より，左辺は定数ではありえず矛盾である．よって，$c_1 = 0$ である．同様に $c_2 = 0$ であることもわかり，$e^{\alpha x}, e^{\beta x}$ は１次独立であることがわかる．

(2) 関数 $\log x, \log x^2$ に対して，x についての恒等式 $c_1 \log x + c_2 \log x^2 = 0$ を考える．この等式は $(c_1 + 2c_2) \log x = 0$ と変形できるので，定数 c_1, c_2 は $c_1 + 2c_2 = 0$ を満たせばよい．例えば，$c_1 = 2, c_2 = -1$ がとれるので，恒等式 $c_1 \log x + c_2 \log x^2 = 0$ を満たす定数 c_1, c_2 は $c_1 = c_2 = 0$ とは限らない．よって，関数 $\log x, \log x^2$ は１次従属である．

関数の１次独立性を判定する道具を導入する．区間 I で $n-1$ 回微分可能な関数 $y_1, y_2, \ldots, y_n$ に対して，

$$W(x) = W(y_1, y_2, \ldots, y_n)(x) = \begin{vmatrix} y_1 & y_2 & \cdots & y_n \\ y_1' & y_2' & \cdots & y_n' \\ \vdots & \vdots & \vdots & \vdots \\ y_1^{(n-1)} & y_2^{(n-1)} & \cdots & y_n^{(n-1)} \end{vmatrix}$$

をロンスキアン（ロンスキー行列式）という.

●**注意** 関数の組 $y_1, y_2, \ldots, y_n$ が文脈から明らかである場合は，対応するロンスキアンを簡単に $W(x)$ と表し，関数の組 $y_1, y_2, \ldots, y_n$ を明示したい場合は，対応するロンスキアンを $W(y_1, y_2, \ldots, y_n)(x)$ と表す.

次の定理 5.2.1 を用いて，関数の 1 次独立性を判定することができる.

定理 5.2.1 区間 I で $n-1$ 回微分可能な関数 $y_1, y_2, \ldots, y_n$ に対して，ある $x_0 \in I$ で $W(x_0) \neq 0$ ならば $y_1, y_2, \ldots, y_n$ は 1 次独立である.

［証明］ 定数 $c_1, c_2, \ldots, c_n$ に対して，

$$c_1 y_1 + c_2 y_2 + \cdots + c_n y_n = 0$$

とする[2]. 両辺を何回か微分することにより，次の連立方程式を得る：

$$
\begin{cases}
c_1 y_1 + c_2 y_2 + \cdots + c_n y_n = 0, \\
c_1 y_1' + c_2 y_2' + \cdots + c_n y_n' = 0, \\
\quad \vdots \\
c_1 y_1^{(n-1)} + c_2 y_2^{(n-1)} + \cdots + c_n y_n^{(n-1)} = 0.
\end{cases}
\tag{5.2.1}
$$

ここで，$x = x_0$ を代入すると

$$
\begin{cases}
c_1 y_1(x_0) + c_2 y_2(x_0) + \cdots + c_n y_n(x_0) = 0, \\
c_1 y_1'(x_0) + c_2 y_2'(x_0) + \cdots + c_n y_n'(x_0) = 0, \\
\quad \vdots \\
c_1 y_1^{(n-1)}(x_0) + c_2 y_2^{(n-1)}(x_0) + \cdots + c_n y_n^{(n-1)}(x_0) = 0
\end{cases}
\tag{5.2.2}
$$

を得る. 未知数 $c_1, c_2, \ldots, c_n$ に関する連立 1 次方程式 (5.2.2) の係数行列の行列式がロンスキアン $W(x_0)$ である. $W(x_0) \neq 0$ であるので，連立 1 次方程式 (5.2.2) は自明な解 $c_1 = c_2 = \cdots = c_n = 0$ だけを解にもつ. これは $y_1, y_2, \ldots, y_n$ が 1 次独立であることを示している. ∎

例題 5.2.1 次の関数の組が 1 次独立であることを示せ.
(1) $e^{\alpha x}, e^{\beta x}$ $(\alpha \neq \beta)$

---

2) この方程式は関数として成り立つ，すなわち任意の $x \in I$ で成立することを仮定している.

(2) $1,\ x,\ x^2$

(3) $\sin x,\ x \sin x$

[解答] これらの関数に対するロンスキアンを計算して，定理 5.2.1 を利用する．

(1)
$$W(e^{\alpha x}, e^{\beta x}) = \begin{vmatrix} e^{\alpha x} & e^{\beta x} \\ \alpha e^{\alpha x} & \beta e^{\beta x} \end{vmatrix} = (\beta - \alpha) e^{(\alpha + \beta) x} \neq 0$$

よって，1 次独立である．（例 5.2.1 (1) のように定義に従って示すことができるが，定理 5.2.1 を使っても 1 次独立であることを示すことができる．）

(2)
$$W(1,\ x,\ x^2) = \begin{vmatrix} 1 & x & x^2 \\ 0 & 1 & 2x \\ 0 & 0 & 2 \end{vmatrix} = 2 \neq 0$$

よって，1 次独立である．

(3)
$$W(\sin x,\ x \sin x) = \begin{vmatrix} \sin x & x \sin x \\ \cos x & \sin x + x \cos x \end{vmatrix} = \sin^2 x$$

よって，$W(\sin x,\ x \sin x)\left(\dfrac{\pi}{2}\right) = 1 \neq 0$ であるので，1 次独立である． ∎

●注意 定理 5.2.1 の逆は成立しない．実際に，関数の組 $x^2,\ x|x|$ は定理 5.2.1 の逆が成立しないことの反例である．恒等式 $c_1 x^2 + c_2 x|x| = 0$ について，$x > 0$ では $(c_1 + c_2) x^2 = 0$ となるので，$c_1 + c_2 = 0$ を満たせばよい．また，$x < 0$ では $(c_1 - c_2) x^2 = 0$ となるので，$c_1 - c_2 = 0$ であればよい．これら定数 c_1, c_2 に関する等式を満たすものは $c_1 = c_2 = 0$ に限る．よって，関数の組 $x^2,\ x|x|$ は 1 次独立である．しかし，関数 $x|x|$ は微分可能であり，簡単な計算により $W(x^2,\ x|x|) = 0$ である．

ある条件のもとでは，定理 5.2.1 の逆が成立する．このことについては，次節の定理 5.3.2 で説明する．

演習問題

5.2.1 次に与えられた関数の組について，それらの 1 次独立性，1 次従属性を調べよ．

(1) $\cos 2x,\ \sin 2x$　　(2) $e^{2x},\ xe^{2x}$　　(3) $x \cos x,\ (x+1) \sin x,\ (x+2) \cos x$

(4) $1,\ \cos x,\ \sin x$　　(5) $1,\ \cos^2 x,\ \sin^2 x$

5.2.2 次に与えられた関数の組のロンスキアンを求めよ．

(1) $x^2,\ x^2 \log x$　　(2) $e^{px} \cos qx,\ e^{px} \sin qx$　　(3) $e^x,\ e^{-x},\ e^{2x}$

5.3　斉次な高階線形微分方程式の一般解

　まず，斉次な 1 階連立線形微分方程式の解の線形性（定理 4.4.1）と同様に，斉次な n 階線形微分方程式についても解の線形性が成立する．

定理 5.3.1（解の線形性） $y_1(x)$ と $y_2(x)$ はそれぞれ微分方程式 (5.1.2) の任意の解とする．このとき，任意定数 c_1, c_2 に対して，$c_1 y_1(x) + c_2 y_2(x)$ も微分方程式 (5.1.2) の解である．

　[証明]　(i) $y_1 + y_2$ が方程式 (5.1.2) の解であること，および，任意の解 y と任意定数 c に対して，(ii) cy が方程式 (5.1.2) の解であること，を示せばよい．

　(i) 方程式 (5.1.2) の解であることから，

$$\frac{d^n y_1}{dx^n} + a_{n-1}(x)\frac{d^{n-1}y_1}{dx^{n-1}} + \cdots + a_1(x)\frac{dy_1}{dx} + a_0(x)y_1 = 0, \qquad (5.3.1)$$

$$\frac{d^n y_2}{dx^n} + a_{n-1}(x)\frac{d^{n-1}y_2}{dx^{n-1}} + \cdots + a_1(x)\frac{dy_2}{dx} + a_0(x)y_2 = 0 \qquad (5.3.2)$$

を満たす．微分積分学で学んだように，

$$\frac{d^i}{dx^i}(y_1 + y_2) = \frac{d^i}{dx^i}y_1 + \frac{d^i}{dx^i}y_2$$

が成り立つので，式 (5.3.1) と (5.3.2) を加えて，

$$\frac{d^n}{dx^n}(y_1 + y_2) + a_{n-1}(x)\frac{d^{n-1}}{dx^{n-1}}(y_1 + y_2) + \cdots$$
$$+ a_1(x)\frac{d}{dx}(y_1 + y_2) + a_0(x)(y_1 + y_2) = 0$$

を得る．よって，$y_1 + y_2$ も微分方程式 (5.1.2) の解である．

　(ii) 同様に，$\dfrac{d^i}{dx^i}(cy) = c\dfrac{d^i}{dx^i}y$ が成り立つので，

$$\frac{d^n}{dx^n}(cy) + a_{n-1}(x)\frac{d^{n-1}}{dx^{n-1}}(cy) + \cdots + a_1(x)\frac{d}{dx}(cy) + a_0(x)(cy)$$
$$= c\left(\frac{d^n y}{dx^n} + a_{n-1}(x)\frac{d^{n-1}y}{dx^{n-1}} + \cdots + a_1(x)\frac{dy}{dx} + a_0(x)y\right)$$
$$= c \cdot 0 = 0$$

を得る．よって，cy も微分方程式 (5.1.2) の解である．　∎

こうして, 定理 5.2.1 の逆が成立するような状況を説明する準備ができた.

定理 5.3.2 区間 I で定義された関数 $y_1, y_2, \ldots, y_n$ が微分方程式 (5.1.2) の解であるとする. このとき, $y_1, y_2, \ldots, y_n$ が 1 次独立であるための必要十分条件は, ある $x_0 \in I$ において $W(x_0) \neq 0$ であることである. さらにこのとき, すべての $x \in I$ に対して $W(x) \neq 0$ が成り立つ.

[証明] 十分性は定理 5.2.1 から成り立つので, 必要性を示せばよい. そのためにその対偶を示すことにする.

すべての $x \in I$ に対して $W(x) = 0$ を仮定する. よって, ある $x_0 \in I$ に対して $W(x_0) = 0$ である. 恒等式

$$c_1 y_1 + c_2 y_2 + \cdots + c_n y_n = 0 \tag{5.3.4}$$

を考える. 定理 5.2.1 と同様の議論により, 連立 1 次方程式 (5.2.2) と同様の方程式を得る. すなわち, 連立 1 次方程式

$$\begin{pmatrix} y_1(x_0) & y_2(x_0) & \cdots & y_n(x_0) \\ y_1'(x_0) & y_2'(x_0) & \cdots & y_n'(x_0) \\ \vdots & \vdots & \ddots & \vdots \\ y_1^{(n-1)}(x_0) & y_2^{(n-1)}(x_0) & \cdots & y_n^{(n-1)}(x_0) \end{pmatrix} \begin{pmatrix} c_1 \\ c_2 \\ \vdots \\ c_n \end{pmatrix} = \begin{pmatrix} 0 \\ 0 \\ \vdots \\ 0 \end{pmatrix} \tag{5.3.5}$$

を得る. 方程式 (5.3.5) の係数行列の行列式は $W(x_0) = 0$ であるので, (5.3.5) は自明でない解をもつ. すなわち, すべては 0 でない $c_1, c_2, \ldots, c_n$ で, (5.3.5) を満たすものが存在するので, そのような $c_1, c_2, \ldots, c_n$ を 1 つとる. このとき $y_1, y_2, \ldots, y_n$ は微分方程式 (5.1.2) の解であるので, 定理 5.2.1 より, 式 (5.3.4) の左辺で定義される関数 $y = c_1 y_1 + c_2 y_2 + \cdots + c_n y_n$ もまた (5.1.2) の解である.

一方, $c_1, c_2, \ldots, c_n$ は連立 1 次方程式 (5.3.5) の解であるので, $y = c_1 y_1 + c_2 y_2 + \cdots + c_n y_n$ は $x_0 \in I$ において, 初期条件 $y(x_0) = 0, y'(x_0) = 0, \ldots, y^{(n-1)}(x_0) = 0$ を満たしている. 定数関数 0 も (5.1.2) の解であり, 同じ初期条件を満たしているので, 定理 5.1.1 の解の一意性より, $y = c_1 y_1 + c_2 y_2 + \cdots + c_n y_n$ と 0 は関数として同一である. よって, すべては 0 でない $c_1, c_2, \ldots, c_n$ について, 恒等式 $c_1 y_1 + c_2 y_2 + \cdots + c_n y_n = 0$ が成立する.

したがって, $y_1, y_2, \ldots, y_n$ は 1 次従属である. これは必要性を示している.

　次に，定理の後半の主張を示すために，ある $x_0 \in I$ で $W(x_0) = 0$ であると仮定する．このとき，上記の必要性の証明より，すべては 0 でないある $c_1, c_2, \ldots, c_n$ が存在し，$c_1 y_1 + c_2 y_2 + \cdots + c_n y_n = 0$ がすべての $x \in I$ で成り立つ．特に，(5.2.1) がすべての $x \in I$ で成り立つ．よって，その係数行列の行列式 W はすべての $x \in I$ で $W(x) = 0$ を満たす．よって，「ある $x_0 \in I$ で $W(x_0) = 0$」ならば，「すべての $x \in I$ で $W(x) = 0$」である．これの対偶は後半の主張を示している．　　　　　　　　　　　　　　　　■

●注意　定理 5.3.2 の証明と同様の議論より，第 4 章の 4.4 節の脚注 10) で述べたことを証明することができる．

　斉次な n 階線形微分方程式は次の定理 5.3.3 が示す解の構造をもつ．

定理 5.3.3　斉次 n 階線形微分方程式 (5.1.2) の係数関数 $a_i(x)$ $(i = 0, 1, \ldots, n-1)$ は区間 I 上で有界かつ連続であるとする．このとき，次が成立する．
(1) 微分方程式 (5.1.2) は n 個の 1 次独立な解 $y_1, y_2, \ldots, y_n$ をもつ．
(2) $y_1, y_2, \ldots, y_n$ を微分方程式 (5.1.2) の n 個の 1 次独立な解とすると，(5.1.2) の任意の解は

$$c_1 y_1 + c_2 y_2 + \cdots + c_n y_n$$

の形で与えられる．

　[証明]　(1) 定義区間 I 内に x_0 を 1 つとる．定理 5.1.1 を斉次方程式 (5.1.2) に適用すると，任意の定数 $K_0, K_1, \ldots, K_{n-1}$ に対して，初期条件が

$$y(x_0) = K_0, \ y'(x_0) = K_1, \ \ldots, \ y^{(n-1)}(x_0) = K_{n-1}$$

となる解が一意的に存在する．特に，各基本ベクトル $\boldsymbol{e}_i$ に対して，初期条件

$$\begin{pmatrix} y(x_0) \\ y'(x_0) \\ \vdots \\ y^{(n-1)}(x_0) \end{pmatrix} = \boldsymbol{e}_i \tag{5.3.6}$$

を満たす解 $y = y_i$ が一意的に存在する．このとき，斉次方程式 (5.1.2) の解の組 $y_1, y_2, \ldots, y_n$ のロンスキアンは

$$W(y_1, y_2, \ldots, y_n)(x_0) = |\boldsymbol{e}_1 \ \boldsymbol{e}_2 \ \cdots \ \boldsymbol{e}_n| = |I| = 1 \neq 0$$

を満たす．よって，定理 5.3.2 により，解の組 $y_1, y_2, \ldots, y_n$ は 1 次独立である．

(2) 任意の解が $c_1 y_1 + c_2 y_2 + \cdots + c_n y_n$ の形で与えられることは，解の一意性（定理 5.1.1）を利用することで証明することができる．証明の詳細は演習問題（演習問題 5.3.7）とする．　　　　　　　　　　　　　　　　　■

定理 5.3.3 で存在が保証された n 個の 1 次独立な解を方程式 (5.1.2) の**基本解**といい，(5.1.2) の**一般解**は

$$c_1 y_1 + c_2 y_2 + \cdots + c_n y_n \quad (c_1, c_2, \ldots, c_n \text{ は任意定数})$$

である．

●**注意**　方程式 (5.1.2) の**基本解**は n 個の 1 次独立な解であればよいので，定理 5.3.3 の証明にあるような初期条件を満たす必要はない．

例題 5.3.1　与えられた $\{,\}$ 内の関数の組は次の斉次線形微分方程式の基本解であることを示せ．また，各方程式の一般解を求めよ．

(1) $y''' = 0, \quad \{1, x, x^2\}$
(2) $y''' - 6y'' + 11y' - 6y = 0, \quad \{e^x, e^{2x}, e^{3x}\}$
(3) $y'' - 2y' + y = 0, \quad \{e^x, xe^x\}$

[**解答**]　(1) $1, x, x^2$ が $y''' = 0$ の解であることは簡単に確かめられる．また例題 5.2.1 (2) により，$1, x, x^2$ は 1 次独立であるので，これらは基本解である．一般解は

$$c_0 + c_1 x + c_2 x^2 \quad (c_0, c_1, c_2 \text{ は任意定数})$$

となる．

(2) e^x, e^{2x}, e^{3x} が $y''' - 6y'' + 11y' - 6y = 0$ の解であることは計算によって確かめられる．また例題 5.2.1 と同様にしてロンスキアンを利用することにより，e^x, e^{2x}, e^{3x} は 1 次独立であることがわかる．よって，e^x, e^{2x}, e^{3x} は基本解である．一般解は

$$c_1 e^x + c_2 e^{2x} + c_3 e^{3x} \quad (c_1, c_2, c_3 \text{ は任意定数})$$

となる．

(3) e^x, xe^x が $y'' - 2y' + y = 0$ の解であることは計算によって確かめられる．また例題 5.2.1 と同様にしてロンスキアンを利用することにより，e^x, xe^x

は 1 次独立であることがわかる．よって，$e^x,\ xe^x$ は基本解である．一般解は

$$c_0 e^x + c_1 x e^x = (c_0 + c_1 x)e^x \quad (c_0,\ c_1 \text{ は任意定数})$$

となる．

演習問題

5.3.1 次のそれぞれの斉次線形微分方程式に対して，$\{\ ,\ \}$ 内に与えられた関数が基本解であることを確かめよ（1 次独立性もチェックすること）．

(1) $y'' + y' = 0,\ \{1,\ e^{-x}\}$ (2) $y'' + y = 0,\ \{\cos x,\ \sin x\}$

(3) $y'' + 4y = 0,\ \{\cos 2x,\ \sin 2x\}$ (4) $y'' + 4y' + 4y = 0,\ \{e^{-2x},\ xe^{-2x}\}$

(5) $x^2 y'' - 2x y' + 2y = 0,\ \{x,\ x^2\}$

5.3.2 演習問題 5.3.1 のそれぞれの問いに対して，次の初期条件を満たす解を求めよ（初期値問題）．

(1) $y(0) = 1,\ y'(0) = 2$ (2) $y(0) = 1,\ y'(0) = 3$

(3) $y(0) = -2,\ y'(0) = 4$ (4) $y(0) = 1,\ y'(0) = 0$

(5) $y(1) = 1,\ y'(1) = 2$

5.3.3 次のそれぞれの斉次線形微分方程式に対して，$\{\ ,\ \}$ 内に与えられた関数が基本解であることを確かめよ（1 次独立性もチェックすること）．

(1) $y''' - 3y'' + 3y' - y = 0,\ \{e^x,\ xe^x,\ x^2 e^x\}$

(2) $y''' - y' = 0,\ \{1,\ e^x,\ e^{-x}\}$

5.3.4 演習問題 5.3.3 のそれぞれの問いに対して，次の初期条件を満たす解を求めよ（初期値問題）．

(1) $y(0) = 1,\ y'(0) = 1,\ y''(0) = 1$

(2) $y(0) = 0,\ y'(0) = 1,\ y''(0) = -1$

5.3.5 微分方程式

$$y''' - 3y'' - y' + 3y = 0$$

について，次の問いに答えよ．

(1) 上記の微分方程式の解で $e^{\lambda x}$ の形のものを 3 つ求めよ．

(2) (1) で求めた 3 つの解は基本解になることを示せ．

5.3.6 関数係数 $a_1(x), a_0(x)$ は区間 I 上で有界かつ連続であるとし，斉次 2 階線形微分方程式

$$y'' + a_1(x)y' + a_0(x)y = 0$$

を考える．y_1, y_2 を上記の微分方程式の解であり，I のある点 x_0 において，初期条件 $y_1(x_0) = 2,\ y_1'(x_0) = 1;\ y_2(x_0) = -1,\ y_2'(x_0) = 2$ を満たすとすると，y_1, y_2 は基本解になることを示せ．

5.3.7 定理 5.3.3 (2), すなわち, 方程式 (5.1.2) の任意の解が基本解 $y_1, y_2, \ldots, y_n$ によって,

$$c_1 y_1 + c_2 y_2 + \cdots + c_n y_n$$

の形で与えられることを示せ.

5.3.8 区間 I 上において, y_1, y_2 を斉次 2 階線形微分方程式

$$y'' + a_1(x)y' + a_0(x)y = 0$$

の解であるとする. もしある $x_0 \in I$ において, y_1, y_2 のロンスキアン $W(y_1, y_2)$ が 0 となるならば, y_1, y_2 のどちらか一方は他方のスカラー倍であることを示せ.

5.3.9 区間 I における, 微分方程式

$$y'' + a_1(x)y' + a_0(x)y = 0$$

の任意の 2 つの解に対して, そのロンスキアンが x によらない定数となるとき, 任意の $x \in I$ に対して, $a_1(x) = 0$ となることを示せ.

5.3.10 例題 5.2.1 (3) より, 関数の組 $\sin x, x \sin x$ は 1 次独立である. それでは, 0 を含む区間において, $\sin x, x \sin x$ を解にもつ斉次 2 階線形微分方程式は存在するだろうか. このことについて答えよ.

5.4 斉次な定数係数 2 階線形微分方程式

　これまでは斉次な高階線形微分方程式の一般論について述べてきた. 本節と次節では具体化して, 2 階・3 階の, 定数係数の斉次線形微分方程式の解法について取り扱うこととする.

　本節で扱う斉次な定数係数 2 階線形微分方程式は

$$y'' + ay' + by = 0 \quad (a, b \text{ は定数}) \tag{5.4.1}$$

という形である. $y_1 = y, y_2 = y'$ とおくと, 定理 5.1.1 の証明内の (5.1.1) のように, 方程式 (5.4.1) を行列を用いて,

$$\begin{pmatrix} y_1' \\ y_2' \end{pmatrix} = \begin{pmatrix} 0 & 1 \\ -b & -a \end{pmatrix} \begin{pmatrix} y_1 \\ y_2 \end{pmatrix} \tag{5.4.2}$$

と書き表すことができる. (5.4.2) の両辺の第 2 行を計算すると, もとの方程式 (5.4.1) が得られることに注意しよう.

○例 **5.4.1** 2 階線形微分方程式 $y'' - 2y' + y = 0$ は，$y_1 = y$, $y_2 = y'$ とおいて，

$$\begin{pmatrix} y_1' \\ y_2' \end{pmatrix} = \begin{pmatrix} 0 & 1 \\ -1 & 2 \end{pmatrix} \begin{pmatrix} y_1 \\ y_2 \end{pmatrix}$$

と連立線形微分方程式の形で表すことができる.

　第 4 章で学んだ連立微分方程式の解法を適用して，微分方程式 (5.4.2) を解くことができる. このとき，一般解の y_1 の部分がもとの微分方程式 (5.4.1) の一般解である.

　微分方程式 (5.4.2) の右辺にでてくる係数行列 $\begin{pmatrix} 0 & 1 \\ -b & -a \end{pmatrix}$ を A とする. A の固有方程式を計算すると，

$$\begin{vmatrix} \lambda & -1 \\ b & \lambda + a \end{vmatrix} = \lambda^2 + a\lambda + b = 0 \tag{5.4.3}$$

である. この固有方程式 (5.4.3) の解（すなわち，固有値）の出方に応じて微分方程式 (5.4.2) の一般解が定まる.

(1) 固有方程式 (5.4.3) が異なる 2 つの実数解 $\lambda = \alpha, \beta$ をもつ場合：

　2 つの固有値 α, β に対応するそれぞれの固有ベクトルを $\boldsymbol{u}, \boldsymbol{v}$ とし，これら固有ベクトルを列として並べた正則行列を $P = \begin{pmatrix} \boldsymbol{u} & \boldsymbol{v} \end{pmatrix}$ とおく. このとき，定理 4.2.1 より，方程式 (5.4.2) の一般解は，C_1', C_2' を任意定数として，

$$\begin{aligned} \begin{pmatrix} y_1 \\ y_2 \end{pmatrix} &= C_1' e^{\alpha x} \boldsymbol{u} + C_2' e^{\beta x} \boldsymbol{v} \\ &= \begin{pmatrix} \boldsymbol{u} & \boldsymbol{v} \end{pmatrix} \begin{pmatrix} C_1' e^{\alpha x} \\ C_2' e^{\beta x} \end{pmatrix} = P \begin{pmatrix} C_1' e^{\alpha x} \\ C_2' e^{\beta x} \end{pmatrix} \\ &= \begin{pmatrix} C_1 e^{\alpha x} + C_2 e^{\beta x} \\ * \end{pmatrix} \end{aligned}$$

と表される[3]. P が正則行列であることに注意すると，C_1, C_2 も任意定数と考えてよい. よって，第 1 成分 y_1 に注目すると，この場合の方程式 (5.4.1) の一般解は

---

　3)　最後のベクトルの第 2 成分はここでは必要ないので，簡単に「$*$」と省略した.

$$y = C_1 e^{\alpha x} + C_2 e^{\beta x} \quad (C_1, C_2 \text{ は任意定数})$$

である．また，例題 5.2.1 (1) より関数の組 $e^{\alpha x}, e^{\beta x}$ は 1 次独立であり，$e^{\alpha x}$, $e^{\beta x}$ は方程式 (5.4.1) の基本解である．

(2) 固有方程式 (5.4.3) が重解 $\lambda = \alpha$ をもつ場合：

固有値 α に対応する固有ベクトルを $\boldsymbol{v}_1$ とし，$\boldsymbol{v}_2$ を $A\boldsymbol{v}_2 = \boldsymbol{v}_1 + \alpha\boldsymbol{v}_2$ を満たすベクトルとする．また，$\boldsymbol{v}_1, \boldsymbol{v}_2$ を列として並べた正則行列を $P = \begin{pmatrix} \boldsymbol{u} & \boldsymbol{v} \end{pmatrix}$ とおく．このとき，定理 4.2.3 より，方程式 (5.4.2) の一般解は，C_1', C_2' を任意定数として，

$$\begin{aligned}
\begin{pmatrix} y_1 \\ y_2 \end{pmatrix} &= C_1' e^{\alpha x} \boldsymbol{v}_1 + C_2' e^{\alpha x} (x\boldsymbol{v}_1 + \boldsymbol{v}_2) \\
&= (C_1' e^{\alpha x} + C_2' x e^{\alpha x}) \boldsymbol{v}_1 + C_2' e^{\alpha x} \boldsymbol{v}_2 \\
&- \begin{pmatrix} \boldsymbol{v}_1 & \boldsymbol{v}_2 \end{pmatrix} \begin{pmatrix} C_1' e^{\alpha x} \\ C_2' e^{\beta x} \end{pmatrix} = P \begin{pmatrix} C_1' e^{\alpha x} + C_2' x e^{\alpha x} \\ C_2' e^{\beta x} \end{pmatrix} \\
&= \begin{pmatrix} C_1 e^{\alpha x} + C_2 x e^{\alpha x} \\ * \end{pmatrix}
\end{aligned}$$

と表される．P が正則行列であることに注意すると，C_1, C_2 も任意定数と考えてよい．よって，第 1 成分 y_1 に注目すると，この場合の方程式 (5.4.1) の一般解は

$$y = C_1 e^{\alpha x} + C_2 x e^{\alpha x} \quad (C_1, C_2 \text{ は任意定数})$$

である．演習問題 5.2.1 (2) のように定義に従って，またはロンスキアンを利用することで，関数の組 $e^{\alpha x}, x e^{\alpha x}$ は 1 次独立であることがわかる．よって，$e^{\alpha x}, x e^{\alpha x}$ は方程式 (5.4.1) の基本解である．

(3) 固有方程式 (5.4.3) が虚数解 $\lambda = p \pm qi$ をもつ場合：

固有値 $p - qi$ に対応する固有ベクトルを $\boldsymbol{v}$ とし，系 4.2.1 に述べられているようなベクトル $\boldsymbol{u}_1, \boldsymbol{u}_2$ を考え，これらを列として並べた正則行列を $U = \begin{pmatrix} \boldsymbol{u}_1 & \boldsymbol{u}_2 \end{pmatrix}$ とおく．このとき，定理 4.2.1 より，方程式 (5.4.2) の一般解は，C_1', C_2' を任意定数として，

$$\begin{pmatrix} y_1 \\ y_2 \end{pmatrix} = e^{px} (C_1' \cos qx + C_2' \sin qx) \boldsymbol{u}_1 + e^{px} (C_1' \sin qx - C_2' \cos qx) \boldsymbol{u}_2$$

$$= \begin{pmatrix} \boldsymbol{u}_1 & \boldsymbol{u}_2 \end{pmatrix} \begin{pmatrix} e^{px} \left(C_1' \cos qx + C_2' \sin qx \right) \\ e^{px} \left(C_1' \sin qx - C_2' \cos qx \right) \end{pmatrix}$$

$$= U \begin{pmatrix} e^{px} \left(C_1' \cos qx + C_2' \sin qx \right) \\ e^{px} \left(C_1' \sin qx - C_2' \cos qx \right) \end{pmatrix}$$

$$= \begin{pmatrix} e^{px} \left(C_1 \cos qx + C_2 \sin qx \right) \\ * \end{pmatrix}$$

と表される. U が正則行列であることに注意すると, C_1, C_2 も任意定数と考えてよい. よって, 第 1 成分 y_1 に注目すると, この場合の方程式 (5.4.1) の一般解は

$$y = e^{px} \left(C_1 \cos qx + C_2 \sin qx \right)$$
$$= C_1 e^{px} \cos qx + C_2 e^{px} \sin qx \quad (C_1, \, C_2 \text{ は任意定数})$$

である. 演習問題 5.2.2 (2) のロンスキアンの計算結果から, 関数の組 $e^{px} \cos qx$, $e^{px} \sin qx$ は 1 次独立であることがわかる. よって, $e^{px} \cos qx$, $e^{px} \sin qx$ は方程式 (5.4.1) の基本解である.

斉次な定数係数 2 階線形微分方程式 (5.4.1) $y'' + ay' + by = 0$ に対応する係数行列 $A = \begin{pmatrix} 0 & 1 \\ -b & -a \end{pmatrix}$ の固有方程式

$$\lambda^2 + a\lambda + b = 0 \tag{5.4.4}$$

を, 微分方程式 (5.4.1) の**特性方程式**という[4].

以上をまとめて, 次の定理を得る.

定理 5.4.1 斉次な定数係数 2 階線形微分方程式 (5.4.1) の一般解は, 特性方程式 (5.4.4) の解の状況によって次のように場合分けされる.
(1) 特性方程式が異なる 2 つの実数解 $\lambda = \alpha, \, \beta$ をもつ場合, $e^{\alpha x}, e^{\beta x}$ は方程式 (5.4.1) の基本解であり, 一般解は次で与えられる:

$$y = C_1 e^{\alpha x} + C_2 e^{\beta x}.$$

---

4) 特性方程式を得るには, 対応する連立線形微分方程式の係数行列の固有方程式であることを忘れ, 単に微分方程式において, y'', y', y をそれぞれ λ^2, λ, 1 に置き換えたものを考えればよい.

(2) 特性方程式が重解 $\lambda = \alpha$ をもつ場合, $e^{\alpha x}$, $xe^{\alpha x}$ は方程式 (5.4.1) の基本
解であり, 一般解は次で与えられる:

$$y = C_1 e^{\alpha x} + C_2 x e^{\alpha x}.$$

(3) 特性方程式が虚数解 $\lambda = p \pm qi$ をもつ場合, $e^{px} \cos qx$, $e^{px} \sin qx$ は方
程式 (5.4.1) の基本解であり, 一般解は次で与えられる:

$$y = C_1 e^{px} \cos qx + C_2 e^{px} \sin qx.$$

ただし, C_1, C_2 は任意定数である.

　斉次な定数係数 2 階線形微分方程式 (5.4.1) の一般解を求めるとき, 対応す
る連立線形微分方程式 (5.4.2) のことを忘れて, 定理 5.4.1 に従って微分方程式
(5.4.1) を解けばよい.

例題 5.4.1　次の微分方程式の一般解を求めよ.
(1) $y'' - 3y' + 2y = 0$
(2) $y'' - 4y' + 4y = 0$
(3) $y'' - 2y' + 5y = 0$

　[解答]　(1) 特性方程式は

$$\lambda^2 - 3\lambda + 2 = (\lambda - 1)(\lambda - 2) = 0$$

となるので, 特性方程式の解は $\lambda = 1, 2$ である. よって, 定理 5.4.1 より, 一
般解は

$$y = C_1 e^x + C_2 e^{2x} \quad (C_1, C_2 \text{ は任意定数})$$

となる.
　(2) 特性方程式は

$$\lambda^2 - 4\lambda + 4 = (\lambda - 2)^2 = 0$$

となるので, 特性方程式の解は $\lambda = 2$ (重解) である. よって, 定理 5.4.1 よ
り, 一般解は

$$y = C_0 e^{2x} + C_1 x e^{2x} \quad (C_1, C_1 \text{ は任意定数})$$

となる.
　(3) 特性方程式は

$$\lambda^2 - 2\lambda + 5 = 0$$

となるので，特性方程式の解は $\lambda = 1 \pm 2i$ である．よって，定理 5.4.1 より，一般解は

$$y = C_1 e^x \cos 2x + C_2 e^x \sin 2x \quad (C_1, C_2 \text{ は任意定数})$$

となる．　　　　　　　　　　　　　　　　　　　　　　　　　　　　■

演習問題

5.4.1 次の微分方程式の一般解を求めよ．

(1) $y'' - y' - 6y = 0$ 　　　　(2) $y'' = 0$ 　　　　(3) $y'' - 4y' = 0$

(4) $y'' - 2y' + 10y = 0$ 　　(5) $y'' - 6y' + 9y = 0$ 　　(6) $y'' + 6y = 0$

(7) $2y'' - 5y' + 2y = 0$ 　　(8) $3y'' - 4y' + \dfrac{4}{3}y = 0$

(9) $4y'' - 3y' - y = 0$ 　　(10) $3y'' + 4y' + 5y = 0$

5.4.2 初期値問題

$$y'' - 7y' + 12y = 0, \quad y(0) = 1,\ y'(0) = R$$

の解 y が $x \geqq 0$ で常に 0 以上の値をとるための R の条件を求めよ．

5.5　斉次な定数係数 3 階線形微分方程式

本節では，斉次な定数係数 3 階線形微分方程式の基本解と一般解について述べる．斉次な定数係数 2 階線形微分方程式と同じように，連立線形微分方程式と関連づけることができる．

○例 **5.5.1** 3 階線形微分方程式 $y''' - 6y'' + 11y' - 6y = 0$ は，$y_1 = y$, $y_2 = y'$, $y_3 = y''$ とおいて，

$$\begin{pmatrix} y_1' \\ y_2' \\ y_3' \end{pmatrix} = \begin{pmatrix} 0 & 1 & 0 \\ 0 & 0 & 1 \\ 6 & -11 & 6 \end{pmatrix} \begin{pmatrix} y_1 \\ y_2 \\ y_3 \end{pmatrix}$$

と連立線形微分方程式の形で表すことができる．

　この例のように，斉次な定数係数 3 階線形微分方程式

$$y''' + ay'' + by' + cy = 0 \quad (a,\, b,\, c \text{ は定数}) \tag{5.5.1}$$

は，行列

$$A = \begin{pmatrix} 0 & 1 & 0 \\ 0 & 0 & 1 \\ -c & -b & -a \end{pmatrix} \tag{5.5.2}$$

を係数行列とする 3 元の斉次な連立線形微分方程式として表すことができる.
2 階の場合と同様に行列 A の固有値が重要であり, その固有方程式は

$$|\lambda I - A| = \lambda^3 + a\lambda^2 + b\lambda + c = 0 \tag{5.5.3}$$

である. 方程式 (5.5.3) を微分方程式 (5.5.1) の**特性方程式**という.

$$f(\lambda) = \lambda^3 + a\lambda^2 + b\lambda + c$$

とおくと, $f(\lambda)$ は実数係数の 3 次多項式であるので, $f(\lambda) = 0$ は必ず実数解
をもつ[5]. よって, $f(\lambda)$ の実数の範囲での因数分解の可能性と $f(\lambda) = 0$ の解
の組合せは次の 4 つの場合である:

(1) $f(\lambda) = (\lambda - \alpha)(\lambda - \beta)(\lambda - \gamma)$　　解は $\lambda - \alpha, \beta, \gamma$ (単解),

(2) $f(\lambda) = (\lambda - \alpha)(\lambda - \beta)^2$　　　　解は $\lambda = \alpha$ (単解), β (重解),

(3) $f(\lambda) = (\lambda - \alpha)^3$　　　　　　　解は $\lambda = \alpha$ (3 重解),

(4) $f(\lambda) = (\lambda - \alpha)(\lambda^2 + a'\lambda + b')$　解は $\lambda = \alpha, p \pm qi$ (単解).

ここで, $\alpha, \beta, \gamma, a', b', p, q \ (q \neq 0)$ は実数である.

特性方程式 (5.5.3) の因数分解の形と対応する係数行列 (5.5.2) の固有値の状
況は,

(1) の場合は, 「3 つの異なる固有値 α, β, γ をもつ」(4.3.1 項),

(2) の場合は, 「固有値 β に対応する 1 次独立な固有ベクトルが 1 つしかと
　　れない」(4.3.2 項 (ii)),

(3) の場合は, 「固有値 α に対応する 1 次独立な固有ベクトルが 1 つしかと
　　れない」(4.3.2 項 (iv)),

(4) の場合は, 「3 つの異なる固有値 $\alpha, p \pm qi$ をもつ」(4.3.1 項),

に対応している. よって, 3 元の斉次な定数係数連立線形微分方程式の一般解
(4.3 節) より, 次の定理を導くことができる.

---

5)　3 次関数 $y = f(x)$ のグラフは x 軸と交わるので, 3 次方程式は必ず実数解をもつ.

定理 5.5.1 斉次な定数係数 3 階線形微分方程式 (5.5.1) の一般解は，特性方程式 (5.5.3) の解の状況によって次のように場合分けされる：

(1) 特性方程式が異なる 3 つの実数解 $\lambda = \alpha, \beta, \gamma$ をもつ場合，$e^{\alpha x}$, $e^{\beta x}$, $e^{\gamma x}$ は方程式 (5.5.1) の基本解であり，一般解は次で与えられる：

$$y = C_1 e^{\alpha x} + C_2 e^{\beta x} + C_3 e^{\gamma x}.$$

(2) 特性方程式が解 $\lambda = \alpha$（単解），β（重解）をもつ場合，$e^{\alpha x}$, $e^{\beta x}$, $xe^{\beta x}$ は方程式 (5.5.1) の基本解であり，一般解は次で与えられる：

$$y = C_1 e^{\alpha x} + C_2 e^{\beta x} + C_3 x e^{\beta x}.$$

(3) 特性方程式が解 $\lambda = \alpha$（3 重解）をもつ場合，$e^{\alpha x}$, $xe^{\alpha x}$, $x^2 e^{\alpha x}$ は方程式 (5.5.1) の基本解であり，一般解は次で与えられる：

$$y = C_1 e^{\alpha x} + C_2 x e^{\alpha x} + C_3 x^2 e^{\alpha x}.$$

(4) 特性方程式が解 $\lambda = \alpha, p \pm qi$（単解）をもつ場合，$e^{\alpha x}$, $e^{px} \cos qx$, $e^{px} \sin qx$ は方程式 (5.4.1) の基本解であり，一般解は次で与えられる：

$$y = C_1 e^{\alpha x} + C_2 e^{px} \cos qx + C_3 e^{px} \sin qx.$$

ただし，C_1, C_2, C_3 は任意定数である．

●**注意**　定理 5.5.1 を 3 元の斉次な定数係数連立線形微分方程式と関連づけて導いているが，定理 5.3.3 を利用しても導くことができる[6]．例えば，特性方程式が異なる 3 つの実数解 $\lambda = \alpha, \beta, \gamma$ をもつ場合については，

- $e^{\alpha x}$, $e^{\beta x}$, $e^{\gamma x}$ が方程式 (5.5.1) の解であることを確かめ，
- $e^{\alpha x}$, $e^{\beta x}$, $e^{\gamma x}$ が 1 次独立であることを示す

ことより，定理 5.3.3 (1) から $e^{\alpha x}$, $e^{\beta x}$, $e^{\gamma x}$ が方程式 (5.5.1) の基本解であることがわかる．よって，定理 5.3.3 (2) より，この場合の方程式 (5.5.1) の一般解は

$$y = C_1 e^{\alpha x} + C_2 e^{\beta x} + C_3 e^{\gamma x} \quad (C_1, C_2, C_3 \text{ は任意定数})$$

であることがわかる．他の場合も同様である．残りの場合については演習問題（演習問題 5.5.3）とする．

---

6) 定理 5.4.1 も同様に，定理 5.3.3 を利用して導くことができる．

定理 5.5.1 のそれぞれの場合において基本解を暗記するのは大変である．次のように覚えるとよい．一般に，斉次な定数係数 n 階線形微分方程式

$$y^{(n)} + a_{n-1}y^{(n-1)} + \cdots + a_1 y' + a_0 y = 0 \tag{5.5.4}$$

に対して，

$$\lambda^n + a_{n-1}\lambda^{n-1} + \cdots + a_1 \lambda + a_0 = 0 \tag{5.5.5}$$

を**特性方程式**という．実数 α が特性方程式 (5.5.5) の m 重解[7]であるならば，

$$e^{\alpha x}, \ xe^{\alpha x}, \ \ldots, \ x^{m-1}e^{\alpha x}$$

は微分方程式 (5.5.4) の解である．さらに，虚数 $p+qi$ が特性方程式 (5.5.5) の m 重解であるならば[8]，

$$e^{px}\cos qx, \ xe^{px}\cos qx, \ \ldots, \ x^{m-1}e^{px}\cos qx,$$

および

$$e^{px}\sin qx, \ xe^{px}\sin qx, \ \ldots, \ x^{m-1}e^{px}\sin qx$$

は微分方程式 (5.5.4) の解である．以上，特性方程式 (5.5.5) の解すべてに対して上記の解を集めると，それらは微分方程式 (5.5.4) の基本解になる．

例題 5.5.1 次の斉次な定数係数 3 階線形微分方程式の一般解を求めよ．
(1) $y''' - 6y'' + 11y' - 6y = 0$
(2) $y''' + 5y'' + 8y' + 4y = 0$
(3) $y''' - 6y'' + 12y' - 8y = 0$
(4) $y''' + y'' + 3y' - 5y = 0$

[**解答**] (1) 特性方程式は

$$\lambda^3 - 6\lambda^2 + 11\lambda - 6 = 0$$

となる．特性方程式の左辺を因数分解すると，$(\lambda - 1)(\lambda - 2)(\lambda - 3) = 0$ となり，解は $\lambda = 1, 2, 3$（単解）である．よって，基本解は e^x, e^{2x}, e^{3x} となり，一般解は

$$y = C_1 e^x + C_2 e^{2x} + C_3 e^{3x} \quad (C_1, C_2, C_3 \text{ は任意定数})$$

である．

---

7) 1 重解は単解を意味する．

8) $p+qi$ が m 重解ならば共役複素数 $p-qi$ も m 重解になるが，$p-qi$ からは，$p+qi$ のときと同じ解がでてくるので，片方の虚数解のみを考えればよい．

(2) 特性方程式は

$$\lambda^3 + 5\lambda^2 + 8\lambda + 4 = 0$$

となる．特性方程式の左辺を因数分解すると，$(\lambda + 1)(\lambda + 2)^2 = 0$ となり，解は $\lambda = -1$（単解），-2（重解）である．よって，基本解は e^{-x}, e^{-2x}, xe^{-2x} となり，一般解は

$$y = C_1 e^{-x} + C_2 e^{-2x} + C_3 x e^{-2x} \quad (C_1, C_2, C_3 \text{ は任意定数})$$

である．

(3) 特性方程式は

$$\lambda^3 - 6\lambda^2 + 12\lambda - 8 = 0$$

となる．特性方程式の左辺を因数分解すると，$(\lambda - 2)^3 = 0$ となり，解は $\lambda = 2$（3重解）である．よって，基本解は e^{2x}, xe^{2x}, $x^2 e^{2x}$ となり，一般解は

$$y = C_1 e^{2x} + C_2 x e^{2x} + C_3 x^2 e^{2x} \quad (C_1, C_2, C_3 \text{ は任意定数})$$

である．

(4) 特性方程式は

$$\lambda^3 + \lambda^2 + 3\lambda - 5 = 0$$

となる．特性方程式の左辺を因数分解すると，$(\lambda - 1)(\lambda^2 + 2\lambda + 5) = 0$ となり，解は $\lambda = 1, -1 \pm 2i$（単解）である．よって，基本解は e^x, $e^{-x}\cos 2x$, $e^{-x}\sin 2x$ となり，一般解は

$$y = C_1 e^x + C_2 e^{-x} \cos 2x + C_3 e^{-x} \sin 2x \quad (C_1, C_2, C_3 \text{ は任意定数})$$

である．   ■

演習問題

5.5.1 式 (5.5.2) で与えられる 3 次正方行列 A の固有方程式が $\lambda^3 + a\lambda^2 + b\lambda + c = 0$ であることを示せ．

5.5.2 微分方程式 (5.5.1) の特性方程式 (5.5.3) の解と行列 (5.5.2) の固有ベクトルの関係について以下を示せ．

(1) 特性方程式 (5.5.3) が解 $\lambda = \alpha$（単解），β（重解）をもつ場合，対応する係数行列 A の固有値 β に対応する 1 次独立な固有ベクトルは 1 つしかとれない，すなわち，固有値 β の固有空間の次元は 1 である．

(2) 特性方程式 (5.5.3) が解 $\lambda = \alpha$（3重解）をもつ場合は，対応する係数行列 A の固有値 α に対応する 1 次独立な固有ベクトルは 1 つしかとれない，すなわち，固有値 α の固有空間の次元は 1 である．

5.5.3 定理 5.5.1 の (2)〜(4) の場合において，それぞれに与えた関数の組が微分方程式の解になっていることを確かめ，さらにそれらの 1 次独立性を示せ．

5.5.4 次の微分方程式の一般解を求めよ．

(1) $y''' + y'' - 4y' - 4y = 0$ (2) $y''' + 3y'' - 4y = 0$

(3) $y''' + 9y'' + 27y' + 27y = 0$ (4) $y''' - y = 0$

(5) $2y''' - 3y'' - 3y' + 2y = 0$ (6) $2y''' + y' - 3y = 0$

6

非斉次な高階線形微分方程式

第5章では，斉次な線形微分方程式を取り扱った．本章では，非斉次な線形微分方程式の解法を学ぶ．その解法では，特殊解を求めることが重要である．特殊解の求め方にはいろいろな方法があるが，本章では基本的な方法である，定数変化法と未定係数法を取り扱う．

6.1 非斉次な高階線形微分方程式の一般解

一般の n 階線形微分方程式の形を再掲しよう：

$$y^{(n)} + a_{n-1}(x)y^{(n-1)} + \cdots + a_1(x)y' + a_0(x)y = f(x). \qquad (6.1.1)$$

関数 $f(x)$ が定数関数 0 ではない非斉次微分方程式 (6.1.1) に対して，斉次微分方程式

$$y^{(n)} + a_{n-1}(x)y^{(n-1)} + \cdots + a_1(x)y' + a_0(x)y = 0 \qquad (6.1.2)$$

を (6.1.1) の**同伴方程式**という．

非斉次線形微分方程式の一般解については次の定理が基本的である．

定理 6.1.1 y_* を非斉次微分方程式 (6.1.1) の 1 つの特殊解とする．また，y を (6.1.1) の同伴方程式 (6.1.2) の一般解とする．このとき，非斉次方程式 (6.1.1) の一般解は $y + y_*$ の形で表される．

[証明] まず $Y = y + y_*$ とおき，Y が (6.1.1) の解であることを示す．Y を (6.1.1) の左辺の y に代入すると，

$$\frac{d^n Y}{dx^n} + a_{n-1}(x)\frac{d^{n-1}Y}{dx^{n-1}} + \cdots + a_1(x)\frac{dY}{dx} + a_0(x)Y$$

$$= \frac{d^n(y+y_*)}{dx^n} + a_{n-1}(x)\frac{d^{n-1}(y+y_*)}{dx^{n-1}} + \cdots$$
$$+ a_1(x)\frac{d(y+y_*)}{dx} + a_0(x)(y+y_*)$$
$$= \frac{d^n y}{dx^n} + a_{n-1}(x)\frac{d^{n-1}y}{dx^{n-1}} + \cdots + a_1(x)\frac{dy}{dx} + a_0(x)y$$
$$+ \frac{d^n y_*}{dx^n} + a_{n-1}(x)\frac{d^{n-1}y_*}{dx^{n-1}} + \cdots + a_1(x)\frac{dy_*}{dx} + a_0(x)y_*$$
$$= 0 + f(x) = f(x)$$

となる. 最後から 2 番目の等号は y が同伴方程式 (6.1.2) の一般解であり, y_* が (6.1.1) の特殊解であることからでてくる. よって, Y は (6.1.1) の解であることがわかる.

次に, (6.1.1) の解 Y が任意に与えられたとする. このとき,

$$\frac{d^n(Y-y_*)}{dx^n} + a_{n-1}(x)\frac{d^{n-1}(Y-y_*)}{dx^{n-1}} + \cdots$$
$$+ a_1(x)\frac{d(Y-y_*)}{dx} + a_0(x)(Y-y_*)$$
$$= \frac{d^n Y}{dx^n} + a_{n-1}(x)\frac{d^{n-1}Y}{dx^{n-1}} + \cdots + a_1(x)\frac{dY}{dx} + a_0(x)Y$$
$$- \left(\frac{d^n y_*}{dx^n} + a_{n-1}(x)\frac{d^{n-1}y_*}{dx^{n-1}} + \cdots + a_1(x)\frac{dy_*}{dx} + a_0(x)y_0 \right)$$
$$= f(x) - f(x) = 0$$

となる. 最後から 2 番目の等号は Y, y_* が (6.1.1) の解であることからでてくる. よって, $Y - y_* = y$ は (6.1.2) の解であることがわかる.

以上より, (6.1.1) の任意の解, すなわち一般解 Y は (6.1.2) の一般解 y と (6.1.1) の 1 つの特殊解 y_* の和で書けることがわかる. ∎

非斉次線形微分方程式の解法.

[1] 非斉次線形微分方程式の同伴方程式の基本解, 一般解を求める.

[2] 非斉次線形微分方程式の特殊解を求める.

[3] [1] で得た同伴方程式の一般解と [2] で得た特殊解を足し合わせて, 非斉次
　　線形微分方程式の一般解を求める.

手順 [1] と [2] の順序は逆になってもよい. 次節で学ぶ定数変化法では上記の順序で一般解を求めることになる. 同伴方程式のすべての基本解を求めることが困難な場合は, 同伴方程式の 1 つの特殊解を手がかりに非斉次方程式の一般解を求めるという方法 (**階数低下法**など) もあり, 必ずしも上記の手順に従わなければならないということではない.

例題 6.1.1 非斉次線形微分方程式

$$y'' + 5y' + 6y = e^{-x} \tag{6.1.3}$$

に対して, 次の問いに答えよ.

(1) $\frac{1}{2}e^{-x}$ は (6.1.3) の特殊解であることを示せ.

(2) (6.1.3) の一般解を求めよ.

　[**解答**]　(1) $\frac{1}{2}e^{-x}$ を (6.1.3) の左辺に代入すると,

$$\frac{d^2}{dx^2}\left(\frac{1}{2}e^{-x}\right) + 5\frac{d}{dx}\left(\frac{1}{2}e^{-x}\right) + 6\left(\frac{1}{2}e^{-x}\right) = \frac{1}{2}e^{-x} - \frac{5}{2}e^{-x} + \frac{6}{2}e^{-x} = e^{-x}.$$

よって, $\frac{1}{2}e^{-x}$ は (6.1.3) の特殊解である.

　(2) 与えられた微分方程式の同伴方程式 $y'' + 5y' + 6y = 0$ の特性方程式は

$$\lambda^2 + 5\lambda + 6 = (\lambda + 2)(\lambda + 3) = 0$$

であるので, 特性方程式の解は $\lambda = -2, -3$ である. よって, 定理 5.4.1 により, 同伴方程式の一般解は

$$y = C_1 e^{-2x} + C_2 e^{-3x} \quad (C_1, C_2 \text{ は任意定数})$$

となる. したがって, 定理 6.1.1 より, (6.1.3) の一般解は

$$y = C_1 e^{-2x} + C_2 e^{-3x} + \frac{1}{2}e^{-x} \quad (C_1, C_2 \text{ は任意定数})$$

である. ■

演習問題

6.1.1 非斉次線形微分方程式

$$y'' - 2y' - 3y = f(x) \tag{6.1.4}$$

に対して, 次の問いに答えよ.

(1) $f(x) = x^2$ であるとき，x の多項式関数のなかから (6.1.4) の特殊解を探し，(6.1.4) の一般解を求めよ．

(2) $f(x) = e^{-x}$ であるとき，$-\dfrac{1}{2}xe^x$ は (6.1.4) の特殊解であることを示し，(6.1.4) の一般解を求めよ．

6.1.2 非斉次線形微分方程式

$$y''' + 3y'' - 4y = f(x) \tag{6.1.5}$$

に対して，次の問いに答えよ．

(1) $f(x) = x^2$ であるとき，x の多項式関数のなかから (6.1.5) の特殊解を探し，(6.1.5) の一般解を求めよ．

(2) $f(x) = e^{-2x}$ であるとき，$-\dfrac{1}{6}x^2e^{-2x}$ は (6.1.5) の特殊解であることを示し，(6.1.5) の一般解を求めよ．

6.1.3 非斉次線形微分方程式

$$x^2\,y'' + 2x\,y' - 2y = f(x) \tag{6.1.6}$$

に対して，次の問いに答えよ．

(1) (6.1.6) の同伴方程式の解を x^m の形で 2 つ求めよ．

(2) $f(x) = x^3$ であるとき，x の多項式関数のなかから (6.1.6) の特殊解を探し，(6.1.6) の一般解を求めよ．

6.2　定数変化法による特殊解の求め方

本節では，2 階線形微分方程式

$$y'' + a_1(x)y' + a_0(x)y = f(x) \tag{6.2.1}$$

の特殊解を求めるもっとも基本的な方法の一つである**定数変化法**を取り扱う．第 3 章・第 4 章の定数変化法と同じように，その方法は対応する同伴方程式

$$y'' + a_1(x)y' + a_0(x)y = 0 \tag{6.2.2}$$

の一般解 $C_1y_1 + C_2y_2$（y_1, y_2 は同伴方程式の基本解）の係数 C_1, C_2 を定数ではなく，x の関数とみなすことで (6.2.1) の特殊解を求める方法である．

C_1, C_2 を $C_1 = C_1(x)$, $C_2 = C_2(x)$ と x の関数とみなし，

$$y = C_1(x)y_1 + C_2(x)y_2 \tag{6.2.3}$$

なる形の (6.2.1) の解を求めたい．(6.2.3) を微分すると，

$$\frac{dy}{dx} = C_1'(x)y_1 + C_1(x)y_1' + C_2'(x)y_2 + C_2(x)y_2' \tag{6.2.4}$$

となる. もう 1 回微分すると,

$$\begin{aligned}
\frac{d^2y}{dx^2} &= \{C_1(x)y_1' + C_2(x)y_2'\}' + \{C_1'(x)y_1 + C_2'(x)y_2\}' \\
&= C_1'(x)y_1' + C_1(x)y_1'' + C_2'(x)y_2' + C_2(x)y_2'' \\
&\quad + \{C_1'(x)y_1 + C_2'(x)y_2\}' \\
&= C_1(x)y_1'' + C_2(x)y_2'' + \{C_1'(x)y_1' + C_2'(x)y_2'\} \\
&\quad + \{C_1'(x)y_1 + C_2'(x)y_2\}' \tag{6.2.5}
\end{aligned}$$

となる.

ここで,

$$\begin{cases} C_1'(x)y_1 + C_2'(x)y_2 = 0, \\ C_1'(x)y_1' + C_2'(x)y_2' = f(x) \end{cases} \tag{6.2.6}$$

であると仮定すると, (6.2.3), (6.2.4), (6.2.5) は

$$\begin{cases} y = C_1(x)y_1 + C_2(x)y_2, \\ y' = C_1(x)y_1' + C_2(x)y_2', \\ y'' = C_1(x)y_1'' + C_2(x)y_2'' + f(x) \end{cases} \tag{6.2.7}$$

となる. これらを (6.2.1) に代入すると,

$$\begin{aligned}
y'' &+ a_1(x)y' + a_0(x)y \\
&= C_1(x)\{y_1'' + a_1(x)y_1' + a_0(x)y_1\} \\
&\quad + C_2(x)\{y_2'' + a_1(x)y_2' + a_0(x)y_2\} + f(x) \\
&= f(x).
\end{aligned}$$

ここで, 最後の等式は y_1, y_2 が同伴方程式 (6.2.2) の解であることからでてくる. よって, 仮定 (6.2.6) を満たす $y = C_1(x)y_1 + C_2(x)y_2$ は微分方程式 (6.2.1) の解である.

次に, (6.2.6) を満たす $C_1(x)$, $C_2(x)$ を求めよう. (6.2.6) を行列を使った式に書き直すと,

$$\begin{pmatrix} y_1 & y_2 \\ y_1' & y_2' \end{pmatrix} \begin{pmatrix} C_1'(x) \\ C_2'(x) \end{pmatrix} = \begin{pmatrix} 0 \\ f(x) \end{pmatrix}$$

である. ここで, y_1, y_2 は 1 次独立であるから, 定理 5.3.2 より, ロンスキア

ン $W = W(y_1, y_2) = \begin{vmatrix} y_1 & y_2 \\ y_1' & y_2' \end{vmatrix}$ は任意の x で 0 にならない. よって,

$$\begin{pmatrix} C_1'(x) \\ C_2'(x) \end{pmatrix} = \begin{pmatrix} y_1 & y_2 \\ y_1' & y_2' \end{pmatrix}^{-1} \begin{pmatrix} 0 \\ f(x) \end{pmatrix} = \frac{1}{W} \begin{pmatrix} y_2' & -y_2 \\ -y_1' & y_1 \end{pmatrix} \begin{pmatrix} 0 \\ f(x) \end{pmatrix}$$

$$= \frac{1}{W} \begin{pmatrix} -f(x)y_2 \\ f(x)y_1 \end{pmatrix} = \begin{pmatrix} \dfrac{-f(x)y_2}{W} \\ \dfrac{f(x)y_1}{W} \end{pmatrix}.$$

よって, この両辺を積分して,

$$\begin{pmatrix} C_1(x) \\ C_2(x) \end{pmatrix} = \begin{pmatrix} \displaystyle\int \dfrac{-f(x)y_2}{W}\,dx \\ \displaystyle\int \dfrac{f(x)y_1}{W}\,dx \end{pmatrix}$$

となる. ここで, 特殊解を求めるためには条件 (6.2.6) を満たす $C_1(x)$, $C_2(x)$
をそれぞれ 1 つ求めればよいので, 上記の各不定積分は原始関数をそれぞれ 1
つ求めればよい.

　以上の定数変化法によって得られた (6.2.1) の特殊解とその一般解を公式と
してまとめよう.

定数変化法による非斉次線形微分方程式の特殊解と一般解.
非斉次方程式 (6.2.1) の同伴方程式 (6.2.2) の基本解を y_1, y_2 とするとき,
(6.2.1) の特殊解 y_* を

$$y_* = y_1 \int \frac{-f(x)y_2}{W}\,dx + y_2 \int \frac{f(x)y_1}{W}\,dx$$

により求めることができる. ただし, 上記の不定積分の計算には積分定数を含
めない.
　よって, 非斉次方程式 (6.2.1) の一般解は

$$y = C_1 y_1 + C_2 y_2 + y_1 \int \frac{-f(x)y_2}{W}\,dx + y_2 \int \frac{f(x)y_1}{W}\,dx$$

$$(C_1, C_2 \text{ は任意定数})$$

である.

例題 6.2.1 非斉次線形微分方程式

$$y'' + 5y' + 6y = e^{-x} \tag{6.2.9}$$

に対して，次の問いに答えよ.

(1) (6.2.9) の同伴方程式の基本解を求めよ.

(2) (6.2.9) の一般解を定数変化法により求めよ.

　[解答]　(1) (6.2.9) の同伴方程式 $y'' + 5y' + 6y = 0$ の特性方程式は

$$\lambda^2 + 5\lambda + 6 = (\lambda + 2)(\lambda + 3) = 0$$

であるので，特性方程式の解は $\lambda = -2, -3$ である．よって，定理 5.4.1 より，同伴方程式の基本解は e^{-2x}, e^{-3x} となる.

　(2) $y_1 = e^{-2x}$, $y_2 = e^{-3x}$ とおく．定数変化法により，(6.2.9) の特殊解を $y_* = C_1(x)y_1 + C_2(x)y_2$ なる形として求める.

　y_1, y_2 のロンスキアンを計算すると，

$$W = W(y_1, y_2) = \begin{vmatrix} e^{-2x} & e^{-3x} \\ -2e^{-2x} & -3e^{-3x} \end{vmatrix} = -e^{-5x}$$

となる．定数変化法より，特殊解 $y_* = C_1(x)y_1 + C_2(x)y_2$ の $C_1(x), C_2(x)$ は，

$$C_1(x) = \int \frac{-f(x)y_2}{W}\, dx = \int \frac{-e^{-x}e^{-3x}}{-e^{-5x}}\, dx = \int e^x\, dx = e^x,$$

$$C_2(x) = \int \frac{f(x)y_1}{W}\, dx = \int \frac{e^{-x}e^{-2x}}{-e^{-5x}}\, dx = -\int e^{2x}\, dx = -\frac{1}{2}e^{2x}$$

である．よって，求める (6.2.9) の一般解は

$$y = C_1 e^{-2x} + C_2 e^{-3x} + e^x e^{-2x} + \left(-\frac{1}{2}e^{2x}\right)e^{-3x}$$

$$= C_1 e^{-2x} + C_2 e^{-3x} + \frac{1}{2}e^{-x} \quad (C_1, C_2 \text{ は任意定数})$$

である． ■

例題 6.2.2（オイラーの微分方程式）　2 階線形微分方程式

$$x^2 y'' - 2xy' + 2y = x \tag{6.2.10}$$

を考える．次の問いに答えよ.

(1) (6.2.10) の同伴方程式の基本解を x^m の形で求めよ.

(2) (6.2.10) の一般解を定数変化法により求めよ.

[解答] (1) (6.2.10) の同伴方程式は $x^2 y'' - 2x y' + 2y = 0$ である. $y = x^m$ を代入して,

$$m(m-1)x^m - 2mx^m + 2x^m = (m^2 - 3m + 2)x^m = 0$$

が恒等的に成り立つ必要がある. よって, $m^2 - 3m + 2 = (m-1)(m-2) = 0$, すなわち $m = 1, 2$ のとき, x^m は上記の同伴方程式の解である. x, x^2 は1次独立であるので, 定理 5.3.3 より, x, x^2 は基本解である.

(2) x, x^2 のロンスキアンは

$$W = W(x, x^2) = \begin{vmatrix} x & x^2 \\ 1 & 2x \end{vmatrix} = x^2$$

である. (6.2.10) の両辺を x^2 で割って (6.2.1) の形にし, $y_1 = x, y_2 = x^2$, $f(x) = \dfrac{1}{x}$ として, 定数変化法を用いる. 定数変化法の公式より,

$$C_1(x) = \int \frac{-f(x)y_2}{W} \, dx = \int \frac{-x^{-1} \cdot x^2}{x^2} \, dx = \int \left(-\frac{1}{x} \right) dx = -\log|x|,$$

$$C_2(x) = \int \frac{f(x)y_1}{W} \, dx = \int \frac{x^{-1} \cdot x}{x^2} \, dx = \int \frac{1}{x^2} \, dx = -\frac{1}{x}$$

を得る. よって, 求める一般解は

$$y = C_1 x + C_2 x^2 + (-\log|x|)x + \left(-\frac{1}{x} \right) x^2$$

$$= C_1 x + C_2 x^2 - x - x \log|x| \quad (C_1, C_2 \text{ は任意定数})$$

である.   ■

●注意 $x^2 y'' + axy' + by = g(x)$ の形の微分方程式を**オイラーの微分方程式**という.

●注意 (6.2.10) のような微分方程式

$$b_2(x)y'' + b_1(x)y' + b_0(x)y = g(x) \tag{6.2.11}$$

(ただし, $b_2(x) \neq 1$) を解くために定数変化法の公式を適用するとき, 注意しなければならないことがある. 公式を適用するまえに (6.2.11) の両辺を $b_2(x)$ で

割って (6.2.1) の形にしなければならない. すなわち, 公式を適用する $f(x)$ として, $f(x) = \dfrac{g(x)}{b_2(x)}$ を考えなければならない. 例えば, 例題 6.2.2 で, (6.2.10) の右辺をそのまま $f(x) = x$ として定数変化法の公式を適用し間違った答えを出すことがある. 注意しよう.

演習問題

6.2.1 次の微分方程式の一般解を定数変化法を用いて求めよ.

(1) $y'' - 5y' - 6y = x$ (2) $y'' - 6y' + 9y = xe^{3x}$

(3) $y'' + y = e^x$ (4) $3y'' - 4y' + y = (x+1)e^{\frac{x}{3}}$

6.2.2 2 階線形微分方程式

$$2x^2\,y'' + x\,y' - y = x + 1 \tag{6.2.12}$$

を考える. 次の問いに答えよ.

(1) $y = x^m$ が (6.2.12) の同伴方程式の解となるように m を定め, これにより (6.2.12) の同伴方程式の基本解を求めよ.

(2) 定数変化法を用いて, (6.2.12) の一般解を求めよ.

6.2.3 $x > 0$ において, 2 階線形微分方程式

$$x^2\,y'' + 5x\,y' + 4y = \frac{1}{x^2} \tag{6.2.13}$$

を考える. 次の問いに答えよ.

(1) (6.2.13) の同伴方程式の解を x^m と $x^m \log x$ の形で求め, これらが (6.2.13) の同伴方程式の基本解となることを示せ.

(2) 定数変化法を用いて, (6.2.13) の一般解を求めよ.

6.3 未定係数法

6.2 節で取り上げた定数変化法は非斉次 2 階線形微分方程式 (6.2.1) の特殊解を求積法により求める解法の一つで, (6.2.1) の同伴方程式の基本解 y_1, y_2 がわかっていれば, 原理的にはどんなものでも特殊解を求めることができる. 本節で紹介する未定係数法は特殊解を求めるための, 求積法ではない方法の一つである.

○例 **6.3.1** 非斉次 2 階線形微分方程式

$$y'' + 2y' - 3y = x$$

を考える. この方程式の右辺が x であることから, $y = ax + b$ (a, b は定数)

が解であると推測する．これを左辺に代入すると

$$y'' + 2y' - 3y = 0 + 2a - 3(ax + b) = -3ax + 2a - 3b$$

となる．よって，$y = ax + b$ が解であるためには $-3ax + 2a - 3b$ が方程式の右辺 x と一致する，すなわち $-3ax + 2a - 3b = x$ となればよい．両辺の係数を比較すると，$-3a = 1,\ 2a - 3b = 0$ である．よって，$a = -\dfrac{1}{3}, b = -\dfrac{2}{9}$ となり，$y = -\dfrac{1}{3}x - \dfrac{2}{9}$ が特殊解となる．

　例 6.3.1 のように，**未定係数法**は，

$$y'' + ay' + by = f(x) \quad (a,\ b \text{は定数}) \tag{6.3.1}$$

の右辺の $f(x)$ の形から解になりそうな関数を推測し，実際に方程式 (6.3.1) に代入することで解になるように調整していく方法である．推測が可能となるように右辺 $f(x)$ の関数の形は限定される．$x^m, e^{\alpha x}, \cos qx, \sin qx$ は微分しても関数の形はほとんど変わらないので，$f(x)$ としては次の形のものが基本となる．

$$f(x) = \begin{cases} x \text{ の } m \text{ 次多項式} \\[4pt] (x \text{ の } m \text{ 次多項式}) \times e^{\alpha x} \\[4pt] (x \text{ の } m \text{ 次多項式}) \times e^{px} \times \begin{cases} \cos qx \\ \text{または} \\ \sin qx \end{cases} \end{cases}$$

　このとき，実数 α が微分方程式 (6.3.1) の同伴方程式の特性方程式 $\lambda^2 + a\lambda + b = 0$ の m 重根[1]（$m \geqq 0$）であるかどうか，虚数 $p \pm qi$ が特性方程式 $\lambda^2 + a\lambda + b = 0$ の解であるかどうかに応じて，表 6.1 のように特殊解の形を推測する．

　3 階以上の一般の非斉次定数係数 n 階線形微分方程式

$$y^{(n)} + a_{n-1}y^{(n-1)} + \cdots + a_1 y' + a_0 y = f(x)$$

についても，表 6.1 に基づき，非斉次項 $f(x)$ の形と同伴方程式の特性方程式

$$\lambda^n + a_{n-1}\lambda^{n-1} + \cdots + a_1\lambda + a_0 = 0$$

の解から特殊解の形を推測して特殊解を求めることができる．

---

[1]　特性方程式の解でない場合には，$m = 0$ とする．

表 6.1 未定係数法：非斉次項 $f(x)$ と特殊解の推測

非斉次項 $f(x)$	特性方程式	特殊解の推測形
ax^m	$\lambda = 0$：解でない	x の m 次多項式
	$\lambda = 0$：1 重解（単解）	$x(x$ の m 次多項式$)$
	$\lambda = 0$：2 重解	$x^2(x$ の m 次多項式$)$
$ae^{\alpha x}$	$\lambda = \alpha$：解でない	$Ae^{\alpha x}$
	$\lambda = \alpha$：1 重解（単解）	$Axe^{\alpha x}$
	$\lambda = \alpha$：2 重解	$Ax^2 e^{\alpha x}$
$ax^m e^{\alpha x}$	$\lambda = \alpha$：解でない	$e^{\alpha x}(x$ の m 次多項式$)$
	$\lambda = \alpha$：1 重解（単解）	$xe^{\alpha x}(x$ の m 次多項式$)$
	$\lambda = \alpha$：2 重解	$x^2 e^{\alpha x}(x$ の m 次多項式$)$
$a\cos qx$ または $a\sin qx$	$\lambda = qi$：解ではない	$A\cos qx + B\sin qx$
	$\lambda = qi$：解である	$x(A\cos qx + B\sin qx)$
$ae^{px}\cos qx$ または $ae^{px}\sin qx$	$\lambda = p \pm qi$：解ではない	$e^{px}(A\cos qx + B\sin qx)$
	$\lambda = p \pm qi$：解である	$xe^{px}(A\cos qx + B\sin qx)$
$ax^m e^{px}\cos qx$ または $ax^m e^{px}\sin qx$	$\lambda = p \pm qi$：解ではない	$(x$ の m 次多項式$)e^{px}\cos qx$ $\quad + (x$ の m 次多項式$)e^{px}\sin qx$
	$\lambda = p \pm qi$：解である	$x(x$ の m 次多項式$)e^{px}\cos qx$ $\quad + x(x$ の m 次多項式$)e^{px}\sin qx$

例題 6.3.1 次の微分方程式の一般解を未定係数法を用いて求めよ．

(1) $y'' + y' - 2y = x^2$ 　　　　 (2) $y'' + y' - 2y = e^{2x}$

(3) $y'' + y' - 2y = \cos x$ 　　　 (4) $y'' + y' - 2y = e^{-2x}$

(5) $y'' - 2y' + 2y = e^x \cos x$ 　 (6) $y''' + y'' - 6y' = x^2$

[解答] (1) 同伴方程式の特性方程式は $\lambda^2 + \lambda - 2 = (\lambda+2)(\lambda-1) = 0$ である．よって，$\lambda = 1, -2$ である．これより，同伴方程式の一般解は $C_1 e^x + C_2 e^{-2x}$ となる．

$\lambda = 0$ は特性方程式の解ではないので，表 6.1 より，$y = Ax^2 + Bx + C$ の形の解を求める．与えられた微分方程式に代入すると，

$$y'' + y' - 2y = x^2$$

より，

$$-2Ax^2 + (2A - 2B)x + 2A + B - 2C = x^2$$

となる. よって, 各次数の係数を比較して, $-2A = 1, 2A - 2B = 0, 2A +$
$B - 2C = 0$ であればよいので, $A = B = -\dfrac{1}{2}, C = -\dfrac{3}{4}$ となり, 特殊解

$$y_* = -\frac{1}{2}x^2 - \frac{1}{2}x - \frac{3}{4}$$

を得る. 以上より, 求める一般解は

$$y = C_1 e^x + C_2 e^{-2x} - \frac{1}{2}x^2 - \frac{1}{2}x - \frac{3}{4} \quad (C_1, C_2 \text{ は任意定数})$$

である.

(2) 同伴方程式の一般解は (1) と同様である.

$\lambda = 2$ は特性方程式の解ではないので, 表 6.1 より, $y = Ae^{2x}$ の形の解を
求める. 与えられた微分方程式に代入すると,

$$y'' + y' - 2y = e^{2x}$$

より,

$$4Ae^{2x} = e^{2x}$$

となる. よって, $A = \dfrac{1}{4}$ として, 特殊解 $y_* = \dfrac{1}{4}e^{2x}$ を得る. 以上より, 求め
る一般解は

$$y = C_1 e^x + C_2 e^{-2x} + \frac{1}{4}e^{2x} \quad (C_1, C_2 \text{ は任意定数})$$

である.

(3) 同伴方程式の一般解は (1) と同様である.

$\lambda = \pm i$ は特性方程式の解ではないので, 表 6.1 より, $y = A\cos x + B\sin x$
の形の解を求める. 与えられた微分方程式に代入すると,

$$y'' + y' - 2y = \cos x$$

より,

$$(-3A + B)\cos x + (-A - 3B)\sin x = \cos x$$

となる. よって, $-3A + B = 1, -A - 3B = 0$ となるので, $A = -\dfrac{3}{10}, B = \dfrac{1}{10}$
となり, 特殊解 $y_* = -\dfrac{3}{10}\cos x + \dfrac{1}{10}\sin x$ を得る. 以上より, 求める一般解は

$$y = C_1 e^x + C_2 e^{-2x} - \frac{3}{10}\cos x + \frac{1}{10}\sin x \quad (C_1, C_2 \text{ は任意定数})$$

である.

(4) 同伴方程式の一般解は (1) と同様である.

$\lambda = -2$ は特性方程式の単解 $(m = 1)$ であるので,表 6.1 より,$y = Axe^{-2x}$ の形の解を求める.与えられた微分方程式に代入すると,

$$y'' + y' - 2y = e^{-2x}$$

より,

$$-3Ae^{-2x} = e^{-2x}$$

となる.よって,$A = -\dfrac{1}{3}$ として,特殊解 $y_* = -\dfrac{1}{3}xe^{-2x}$ を得る.以上より,求める一般解は

$$y = C_1 e^x + C_2 e^{-2x} - \frac{1}{3}xe^{-2x} \quad (C_1, C_2 \text{ は任意定数})$$

である.

(5) 同伴方程式の特性方程式は $\lambda^2 - 2\lambda + 2 = 0$ である.よって,$\lambda = 1 \pm i$ であり,同伴方程式の一般解は $C_1 e^x \cos x + C_2 e^x \sin x$ となる.

$\lambda = 1 + i$ が特性方程式の単解であるので,表 6.1 より,$y = x(Ae^x \cos x + Be^x \sin x)$ の形の解を求める.与えられた微分方程式に代入すると,

$$y'' - 2y' + 2y = e^x \cos x$$

より,

$$2Be^x \cos x - 2Ae^x \sin x = e^x \cos x$$

となる.よって,$A = 0$, $B = \dfrac{1}{2}$ となり,特殊解 $y_* = \dfrac{x}{2}e^x \sin x$ を得る.以上より,求める一般解は

$$y = C_1 e^x \cos x + C_2 e^x \sin x + \frac{x}{2}e^x \sin x \quad (C_1, C_2 \text{ は任意定数})$$

である.

(6) 同伴方程式の特性方程式は $\lambda^3 + \lambda^2 - 6\lambda = \lambda(\lambda + 3)(\lambda - 2) = 0$ である.よって,$\lambda = 0, 2, -3$ である.これより,同伴方程式の一般解は $C_1 + C_2 e^{2x} + C_3 e^{-3x}$ となる.

$\lambda = 0$ が特性方程式の単解であるので,表 6.1 より,$y = x(Ax^2 + Bx + C)$ の形の解を求める.与えられた微分方程式に代入すると,

$$y''' + y'' - 6y' = x^2$$

より,

$$-18Ax^2 + (6A - 12B)x + 6A + 2B - 6C = x^2$$

となる. よって, 各次数の係数を比較して, $-18A = 1, 6A - 12B = 0, 6A + 2B - 6C = 0$ であればよいので, $A = -\dfrac{1}{18}, B = -\dfrac{1}{36}, C = -\dfrac{7}{108}$ となり, 特殊解 $y_* = -\dfrac{1}{18}x^3 - \dfrac{1}{36}x^2 - \dfrac{7}{108}x$ を得る. 以上より, 求める一般解は

$$y = C_1 + C_2 e^{2x} + C_3 e^{-3x} - \frac{1}{18}x^3 - \frac{1}{36}x^2 - \frac{7}{108}x$$

$$(C_1, C_2, C_3 \text{ は任意定数})$$

である.   ■

　非斉次方程式 (6.3.1) の $f(x)$ が表 6.1 の関数の和である場合, 次の**重ね合わせの原理**を用いることで, 表中の対応する特殊解の形の和として特殊解を求めることができる (演習問題 6.3.1).

重ね合わせの原理.
$y = y_{*1}$ が微分方程式 $y'' + ay' + by = f_1(x)$ の特殊解であり, $y = y_{*2}$ が微分方程式 $y'' + ay' + by = f_2(x)$ の特殊解であるとする. このとき, $y = y_{*1} + y_{*2}$ は微分方程式

$$y'' + ay' + by = f_1(x) + f_2(x)$$

の特殊解である.

例題 6.3.2　次の微分方程式の一般解を未定係数法を用いて求めよ.

$$y'' - 4y' + 4y = x^2 + e^{2x}$$

[**解答**] 同伴方程式の特性方程式は $\lambda^2 - 4\lambda + 4 = (\lambda - 2)^2 = 0$ である. よって, $\lambda = 2$ (2重解) である. これより, 同伴方程式の一般解は $C_1 e^{2x} + C_2 x e^{2x}$ となる.

　まず,

$$y'' - 4y' + 4y = x^2$$

の特殊解を求める. $\lambda = 0$ は特性方程式の解ではないので, 表 6.1 より,

$y = Ax^2 + Bx + C$ の形の解を求める. $y = Ax^2 + Bx + C$ を上記の微分方程式に代入すると,

$$4Ax^2 + (-8A + 4B)x + (2A - 4B + 4C) = x^2$$

なので, A, B, C についての方程式

$$\begin{cases} 4A = 1, \\ -8A + 4B = 0, \\ 2A - 4B + 4C = 0 \end{cases}$$

を得る. よって, $A = \dfrac{1}{4}$, $B = \dfrac{1}{2}$, $C = \dfrac{3}{8}$ となり, $f(x) = x^2$ の場合の特殊解

$$y_{*1} = \frac{1}{4}x^2 + \frac{1}{2}x + \frac{3}{8}$$

を得る.

次に,

$$y'' - 4y' + 4y = e^{2x}$$

の特殊解を求める. $\lambda = 2$ は特性方程式の2重解なので, 表 6.1 より, $y = Ax^2 e^{2x}$ の形の解を求める. $y = Ax^2 e^{2x}$ を上記の微分方程式に代入すると,

$$2Ae^{2x} = e^{2x}$$

なので, $A = \dfrac{1}{2}$ である. よって, $f(x) = e^{2x}$ の場合の特殊解

$$y_{*2} = \frac{1}{2}x^2 e^{2x}$$

を得る.

よって, 重ね合わせの原理より, もともとの微分方程式の特殊解

$$y_* = y_{*1} + y_{*2} = \frac{1}{4}x^2 + \frac{1}{2}x + \frac{3}{8} + \frac{1}{2}x^2 e^{2x}$$

を得る. 以上より, 求める一般解は

$$y = C_1 e^{2x} + C_2 x e^{2x} + \frac{1}{2}x^2 e^{2x} + \frac{1}{4}x^2 + \frac{1}{2}x + \frac{3}{8} \quad (C_1, C_2 \text{ は任意定数})$$

である. ∎

演習問題

6.3.1 重ね合わせの原理を示せ.

6.3.2 次の微分方程式の特殊解を未定係数法により求めよ.

(1) $y'' + 3y' + 2y = x^2$ ᅠᅠᅠ (2) $y'' - 3y' + 5y = e^{3x}$

(3) $y'' - y' + 3y = \cos 2x$ ᅠᅠᅠ (4) $y'' - 2y' + 4y = e^{3x}\sin 2x$

(5) $y'' - y' = 2x^2$ ᅠᅠᅠ (6) $y'' - 5y' + 6y = e^{3x}$

(7) $y'' + 4y = \sin 2x$ ᅠᅠᅠ (8) $y'' - 4y' + 13y = e^{2x}\cos 3x$

(9) $y'' + 4y' - 5y = x + e^x$ ᅠᅠᅠ (10) $y'' - 4y' + 5y = e^{2x}\cos x + e^{2x}\sin x$

6.3.3 定数係数 2 階線形微分方程式

$$y'' + ay' + by = (c_0 + c_1 x + \cdots + c_m x^m)e^{\alpha x} \tag{6.3.2}$$

を考える. 次の問いに答えよ.

(1) $y(x) = k(x)e^{\alpha x}$ とおくとき, $y(x)$ が (6.3.2) の解であるための必要十分条件は

$$k''(x) + (2\alpha + a)k'(x) + (\alpha^2 + a\alpha + b)k(x) = c_0 + c_1 x + \cdots + c_m x^m$$

であることを示せ.

(2) 微分方程式

$$y'' - y' - 2y = (x^2 - x - 2)e^{2x}$$

の特殊解を求めよ.

6.3.4 次の微分方程式の一般解を求めよ.

(1) $y''' - 8y'' + 22y' - 20y = e^{2x}$

(2) $y''' + 4y'' + 5y' + 2y = (x + 1)e^{-x}$

7
解 の 挙 動

　微分方程式では，解を求めることも重要であるが，独立変数 x を $x \to \pm\infty$ としたときにその解がどのような振る舞い方をするのか，解の挙動を調べることも重要である．なお，第6章まで独立変数は x を用いたが，物理現象では時間変数 t を独立変数として取り扱う場合があるため，本章では独立変数として t を用いることにする．

7.1　定数係数2階線形微分方程式の解の挙動

　直線上を運動している質点の時刻 t における位置を $x(t)$ と表すと，導関数 $x'(t)$ は速度を，2次導関数 $x''(t)$ は加速度を表す．力学の基本法則であるニュートンの運動法則によれば，物体の受ける力 F は

$$F = mx''(t)$$

で与えられる．ただし，m は物体の質量である．

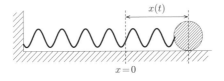

図 7.1　バネの運動

　水平な机の上で一端が固定されたバネに結ばれた質点が受ける力 F は，フックの法則により，バネの伸び縮みに比例する．バネの自然な状態にある質点の位置を原点 $x = 0$ とし，時刻 t での位置の変位を $x(t)$ とする．また，バネの伸びの比例定数を k (> 0) とする．バネが伸びている状態では $x(t) > 0$ であ

115

り，縮んでいる状態では $x(t) < 0$ である．このとき，<u>摩擦力が働いていない</u>とすると，

$$F = mx''(t) \qquad (\text{ニュートンの運動法則}),$$
$$F = -kx(t) \qquad (\text{フックの法則})$$

を満たす．よって，バネで結ばれた質点は微分方程式

$$mx''(t) + kx(t) = 0 \quad (\text{単振動})$$

に従って運動する．

　実際には質点には摩擦力が働き，その摩擦力は速度に比例することが知られている．比例定数を $c\,(>0)$ とし，摩擦力 $-cx'(t)$ を考慮すると，質点の運動方程式は

$$mx''(t) + cx'(t) + kx(t) = 0 \quad (\text{減衰振動})$$

で与えられる．また，この運動に強制的に外部から力 $f(t)$ を加えると，その運動方程式は

$$mx''(t) + cx'(t) + kx(t) = f(t) \quad (\text{強制振動})$$

である．以下，質量 m はすべて $m = 1$ とする．

7.1.1　減 衰 振 動

　外部からの強制的な力が加わらない状態（**減衰振動**）を考えると，質点は次の微分方程式

$$x''(t) + cx'(t) + kx(t) = 0 \tag{7.1.1}$$

に従う．これは**斉次**な定数係数 2 階線形微分方程式である．

過減衰：　$c^2 - 4k > 0$ の場合．

　これは比較的強い摩擦がある場合に相当する．この条件のもとで，方程式 (7.1.1) の特性方程式 $\lambda^2 + c\lambda + k = 0$ は異なる 2 つの実数解 $\lambda = \lambda_1, \lambda_2$ をもつ．このとき，方程式 (7.1.1) の一般解は

$$x(t) = C_1 e^{\lambda_1 t} + C_2 e^{\lambda_2 t} \quad (C_1,\ C_2 \text{ は任意定数})$$

である．ここで，$c > 0,\ k > 0$ であることから $\lambda_1 < 0,\ \lambda_2 < 0$ であることに注意すると，$e^{\lambda_1 t} \to 0,\ e^{\lambda_2 t} \to 0\ (t \to +\infty)$ である．よって，任意定数 $C_1,\ C_2$ の値に関係なく，(7.1.1) の一般解は

$$x(t) \to 0 \quad (t \to +\infty)$$

となる．このような過減衰のバネはドアに利用されていて，開いたドアから手を放すとゆっくりとドアが閉まるように，ドアの上部にバネが取り付けてある．

例えば，微分方程式 $x'' + 5x' + 6x = 0$ $(x(0) = 1, x'(0) = 0)$ は $c^2 - 4k = 1 > 0$ であるので，この微分方程式は「過減衰」に対応する方程式である．実際にこの微分方程式を解くと，解は $x(t) = 3e^{-2t} - 2e^{-3t}$ であり，解を表す曲線は図 7.2 のように上下することなくなめらかに横軸（t-軸）に近づいていく様子をみることができる．

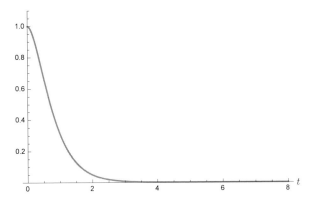

図 **7.2** 過減衰（摩擦が比較的強い場合）：バネ定数 $k = 6$，摩擦係数 $c = 5$ の場合の減衰振動を表す微分方程式 $x'' + 5x' + 6x = 0$ $(x(0) = 1, x'(0) = 0)$ の解 $x(t) = 3e^{-2t} - 2e^{-3t}$

臨界減衰： $c^2 - 4k = 0$ の場合．

この条件のもとで，特性方程式 $\lambda^2 + c\lambda + k = 0$ は1つの実数解（重解）$\lambda = \mu$ をもつ．このとき，方程式 (7.1.1) の一般解は

$$x(t) = C_1 e^{\mu t} + C_2 t e^{\mu t} = (C_1 + C_2 t) e^{\mu t} \quad (C_1, C_2 \text{ は任意定数})$$

である．ここで，$c > 0$ であることから $\mu < 0$ であることに注意すると，$e^{\mu t} \to 0$, $t e^{\mu t} \to 0$ $(t \to +\infty)$ である．よって，任意定数 C_1, C_2 の値によらずに，(7.1.1) の一般解は

$$x(t) \to 0 \quad (t \to +\infty)$$

となる．

例えば, 微分方程式 $x'' + 4x' + 4x = 0$ $(x(0) = 1, x'(0) = 0)$ はバネ定数 $k = 4$, 摩擦係数 $c = 4$ の場合の減衰振動を表す方程式である. これを解くと, 解 $x(t) = (1 + 2t)e^{-2t}$ を得る. この解のグラフを描くと, 図 7.3 のようになる. こちらも, 上下することなくなめらかに横軸 (t-軸) に近づいていく様子をみることができる.

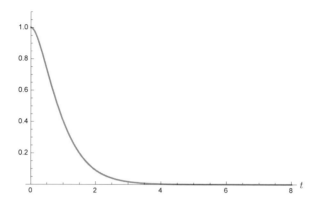

図 **7.3** 臨界減衰：バネ定数 $k = 4$, 摩擦係数 $c = 4$ の場合の減衰振動を表す微分方程式 $x'' + 4x' + 4x = 0$ $(x(0) = 1, x'(0) = 0)$ の解 $x(t) = (1 + 2t)e^{-2t}$

減衰振動（不足減衰）： $c^2 - 4k < 0$ の場合.

これは比較的弱い摩擦がある場合に相当する. この条件のもとで, 特性方程式 $\lambda^2 + c\lambda + k = 0$ は虚数解 $\lambda = p \pm qi$ をもつ. このとき, 方程式 (7.1.1) の一般解は

$$x(t) = C_1 e^{pt} \cos qt + C_2 e^{pt} \sin qt \quad (C_1, C_2 \text{ は任意定数})$$

である. ここで, $c > 0$ であることから $p < 0$ であることに注意すると, $e^{pt} \cos qt \to 0$, $e^{pt} \sin qt \to 0$ $(t \to +\infty)$ である. よって, 任意定数 C_1, C_2 の値によらずに, (7.1.1) の一般解は

$$x(t) \to 0 \quad (t \to +\infty)$$

となる.

例えば, バネ定数 $k = 5$, 摩擦係数 $c = 2$ の場合の減衰振動を表す微分方程式 $x'' + 2x' + 5x = 0$ $(x(0) = 1, x'(0) = 0)$ の解は $x(t) = e^{-t} \cos 2t + \dfrac{1}{2} e^{-t} \sin 2t$ となる. この解のグラフを描くと, 図 7.4 のようになる.

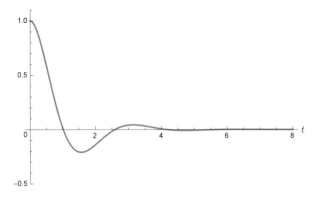

図 **7.4** 不足減衰（摩擦が比較的弱い場合）：バネ定数 $k = 5$, 摩擦係数 $c = 2$ の場合の減衰振動を表す微分方程式 $x'' + 2x' + 5x = 0$ $(x(0) = 1, x'(0) = 0)$ の解 $x(t) = e^{-t}\cos 2t + \frac{1}{2}e^{-t}\sin 2t$

過減衰，臨界減衰，不足減衰の考察からわかるように，一般の斉次な定数係数 2 階線形微分方程式 $x'' + ax' + bx = 0$ について，厳密な解を得るまえに，特性方程式 $\lambda^2 + a\lambda + b = 0$ の解の状況から，$t \to \pm\infty$ としたときの解 $x(t)$ の挙動が，$x(t) \to 0$ であるか，発散するかのどちらであるかがわかる．

7.1.2 強制振動

バネの運動に強制的に外部から力を加えられた強制振動を考える．これは，次のような非斉次な定数係数 2 階線形微分方程式

$$x''(t) + cx'(t) + kx(t) = f(t)$$

により記述される．ここで，$f(t)$ が強制外力である．

例えば，過減衰運動となるように設定されたバネ運動（バネ定数 $k = 6$, 摩擦係数 $c = 5$）に対して，次のように外力を加えた微分方程式

$$x'' + 5x' + 6x = \cos 5t \quad (x(0) = 1, x'(0) = 0)$$

のグラフを描くと，図 7.5 のようになる．図から明らかなように，強制的な外力が加わったことにより，過減衰運動に比べるといびつな形の曲線になっている．これは無理やり力を加えてドアを閉めようとしたときのドアの振る舞い方からも想像できるだろう．

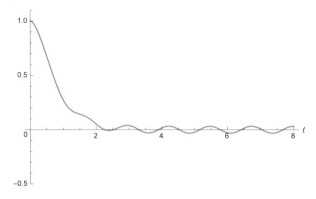

図 **7.5** 強制振動：$x'' + 5x' + 6x = \cos 5t$ $(x(0) = 1,\ x'(0) = 0)$

演習問題

7.1.1 次の微分方程式の解の挙動について調べよ. ただし, 初期条件として, $x(0) = 1$ であるが, $x'(0)$ は未定とする.

(1) $x'' + 6x' + 9x = 0$ (2) $x'' - 2x' - 3x = 0$ (3) $x'' + 4x' + 3 = 0$
(4) $x'' + 6x' + 10x = 0$ (5) $x'' - 4x' + 4 = 0$

7.1.2 バネ定数 $k = 9$, 摩擦係数 $c = 0$ のバネに強制外力 $f(t)$ が加えられた運動を考える. ただし, 初期条件は $x(0) = 1, x'(0) = 0$ とする. 次に与えられた $f(t)$ についての解を求め, それぞれの解 $x(t)$ の振れ幅 $|x(t)|$ の挙動を比較せよ.

(i) $f(t) = \sin t$ (ii) $f(t) = -\sin 3t$

7.2 定数係数連立線形微分方程式の解の挙動

7.2.1 相図と平衡点

7.1 節で取り上げたように, 1 つの独立変数, 1 つの従属変数についての微分方程式 $f(x, y, y', \ldots, y^{(n)}) = 0$ の解の挙動は, 実際に解 $y = y(x)$ のグラフを描くことでも視覚的に理解することができる.

1 階の連立線形微分方程式の場合はどうだろうか. 簡単のために, 連立線形微分方程式

$$\frac{d}{dt} \begin{pmatrix} x \\ y \end{pmatrix} = \begin{pmatrix} -1 & 4 \\ -6 & 9 \end{pmatrix} \begin{pmatrix} x \\ y \end{pmatrix} \tag{7.2.1}$$

を考えてみよう. すでにこのような微分方程式の解法を第 4 章で学んでいるので, この微分方程式を解くことができる. ここでは, 方程式を解かずに解の挙

動を視覚的にとらえてみよう.

方程式 (7.2.1) の解 $x(t)$, $y(t)$ に対して,座標 $(x(t), y(t))$ を**相**とよび,xy-平面を**相平面**とよぶ.独立変数 t の変化とともに $(x(t), y(t))$ は xy-平面上を移動する点(動点)となり,その軌跡は曲線となる.この曲線を方程式 (7.2.1) の**解曲線**という.方程式 (7.2.1) の解曲線の速度ベクトル $\boldsymbol{v}(t)$ は

$$\boldsymbol{v}(t) = \left(\frac{dx}{dt}(t),\, \frac{dy}{dt}(t) \right)$$

$$= (-x(t) + 4y(t),\, -6x(t) + 9y(t))$$

で与えられる.速度ベクトルは解曲線上の点 $\boldsymbol{x}(t) = (x(t), y(t))$ における曲線の接ベクトルである.すなわち,方程式 (7.2.1) は xy-平面上の各点 (x, y) に対して,その点を始点とするベクトル $(-x + 4y, -6x + 9y)$ を対応させる**方向場**を与え,これら指定されたベクトルを接ベクトルとする曲線が方程式 (7.2.1) の解曲線となる.微分方程式の解の存在と一意性により,初期条件 $(x(0), y(0))$ が与えられると,点 $(x(0), y(0))$ を通る方程式 (7.2.1) の解曲線が 1 つだけ存在し,異なる解曲線が交わることはない.

方程式 (7.2.1) の方向場は,図 7.6 (1) のように相平面にたくさんの矢印が散りばめられた図となる.ここで,矢印はその点 (x, y) を始点とするベクトル $\boldsymbol{v} = (-x + 4y, -6x + 9y)$ を表している[1].図 7.6 (1) のような図のこと

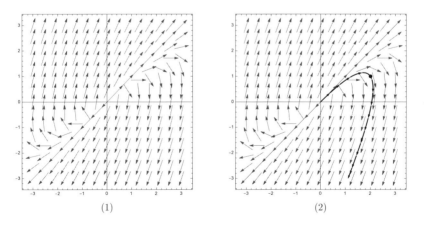

(1) (2)

図 **7.6** (1) 微分方程式 (7.2.1) の方向場.(2) 点 $(2, 1)$ を通る方程式 (7.2.1) の解曲線

---

1) 互いに重なることを避けるために,$\boldsymbol{v}$ の大きさは適当に調整されている.また,相平面すべての点に対応するベクトルを図示することはできないので,適当に有限個のみが図示されている.

を**相図**という.

　この方向場が図示できると，指定された点を通る解曲線の概形を描くことは簡単である．図示された個々のベクトルは解曲線の接ベクトルでもあるので，指定されたベクトルの方向に従って，なめらかに曲線を描けばよい．すなわち，微分方程式を解かずとも，相図をもとに解曲線の概形を描くことができる．図7.6 (2) は点 $(2, 1)$ を通る解曲線を相図の上に描いたものである.

　方向場を図示したものを相図とよんだが，たくさんの解曲線を相平面上に描いたものを**相図**とよぶこともある．これ以降は，解曲線を描いたものを相図として取り扱うこととする．図 7.7 は方程式 (7.2.1) の解曲線による相図である.

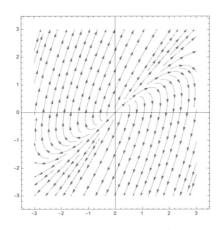

図 7.7　微分方程式 (7.2.1) の解曲線による相図

　相図 7.7 をみれば，方程式 (7.2.1) の解曲線は原点 $(0, 0)$ から「吹き出る」かのように，時間 t の経過とともに原点から外へ離れていく様子がわかる．このように，相図を利用して連立微分方程式の解について調べることを**相空間解析**という.

　相空間解析では平衡点が重要な働きをする．一般に連立微分方程式

$$\frac{d}{dt} \begin{pmatrix} x \\ y \end{pmatrix} = \begin{pmatrix} f_1(x,\, y) \\ f_2(x,\, y) \end{pmatrix} \tag{7.2.2}$$

に対し,

$$\begin{cases} f_1(a,\, b) = 0, \\ f_2(a,\, b) = 0 \end{cases}$$

を満たす相平面上の点 $\boldsymbol{a} = (a, b)$ を連立微分方程式 (7.2.2) の**平衡点**（または**特異点**）という．例えば方程式 (7.2.1) では，原点 $(0, 0)$ は平衡点である．平衡点に関して以下の命題が成立する．

命題 7.2.1 点 $\boldsymbol{a} = (a, b)$ が連立微分方程式 (7.2.2) の平衡点であるとき，すべての t に対して
$$\boldsymbol{x}_0(t) = (x_0(t), y_0(t)) = (a, b)$$
と定義される曲線 $\boldsymbol{x}_0(t)$ は，方程式 (7.2.2) の 1 つの解である．

逆に，点 $\boldsymbol{a} = (a, b)$ に対して，
$$\boldsymbol{x}_0(t) = (x_0(t), y_0(t)) = (a, b)$$
と定義される曲線 $\boldsymbol{x}_0(t)$ が方程式 (7.2.2) の解曲線であるならば，点 $\boldsymbol{a}$ は方程式 (7.2.2) の平衡点である．

すべての t に対して $\boldsymbol{x}_0(t) = (x_0(t), y_0(t)) = (a, b)$ と定義される曲線 $\boldsymbol{x}_0$ は，1 点 $\boldsymbol{a} = (a, b)$ に留まっている曲線である．

命題 7.2.1 のような曲線 $\boldsymbol{x}_0(t)$ の場合，その成分関数 $x_0(t)$, $y_0(t)$ は定数関数であるので，
$$\frac{dx_0}{dt} = \frac{dy_0}{dt} = 0$$
である．このことから命題 7.2.1 が成立することは明らかである．

平衡点ではない点 $\boldsymbol{b}$ を初期値とする解曲線を考えたとき，点 $\boldsymbol{b}$ をほんの少しだけ動かしても，その点を初期値とする解曲線に大きな変化はない．しかしながら，平衡点の場合，その近くにおける解曲線の状況は平衡点の**安定性**に応じていろいろと変化する．このような理由から，相空間解析では平衡点の安定性を調べることが多い．連立微分方程式 (7.2.2) の平衡点 $\boldsymbol{a}$ の近くから出るすべての解曲線が点 $\boldsymbol{a}$ の近くにある場合，平衡点 $\boldsymbol{a}$ は**安定**であるという．さらに，それら解曲線のすべてが $t \to +\infty$ のとき点 $\boldsymbol{a}$ に近づく場合，平衡点 $\boldsymbol{a}$ は**漸近安定**であるという．安定ではない平衡点を**不安定**であるという．例えば方程式 (7.2.1) の場合，平衡点 $(0, 0)$ は相図（図 7.7）により，不安定な平衡点であることがわかる．次節で，定数係数連立線形微分方程式の平衡点の安全性について取り扱うことにする．

演習問題

7.2.1 連立微分方程式 (7.2.2) の解曲線について，以下の問いに答えよ．

(1) $\boldsymbol{x} = \boldsymbol{x}(t) = (x(t), y(t))$ が (7.2.2) の解であるとき，任意の c に対して，$\boldsymbol{x} = \boldsymbol{x}(t+c)$ も (7.2.2) の解であることを示せ．

なお，2 つの解曲線 $\boldsymbol{x}_1(t)$, $\boldsymbol{x}_2(t)$ に対して，ある定数 c により $\boldsymbol{x}_2(t) = \boldsymbol{x}_1(t+c)$ となるとき，2 つの解曲線は図形として同じ曲線となるので，これら 2 つの解曲線は同じと考える．

(2) $\boldsymbol{x}_1(t)$, $\boldsymbol{x}_2(t)$ が (7.2.2) の（図形として）異なる 2 つの解曲線であるとき，これらは交わらないことを示せ．

7.2.2 定数係数連立線形微分方程式の平衡点の安定性

本項では，2 つの未知関数 $x(t)$, $y(t)$ に関する定数係数連立線形微分方程式

$$\frac{d}{dt} \begin{pmatrix} x \\ y \end{pmatrix} = A \begin{pmatrix} x \\ y \end{pmatrix} \tag{7.2.3}$$

について考察する．ここで，A は定数を成分とする 2 次正方行列である．平衡点の定義により，方程式 (7.2.3) の平衡点は同次連立 1 次方程式

$$A \begin{pmatrix} x \\ y \end{pmatrix} = \begin{pmatrix} 0 \\ 0 \end{pmatrix}$$

の解である．簡単のため，離散的な平衡点のみを取り扱いたいので，行列 A は正則（すなわち，逆行列をもつ行列）であるとする．正則行列 A を係数行列とする方程式 (7.2.3) の平衡点は原点 $(0,0)$ だけである．

方程式 (7.2.3) の一般解は行列 A の固有値の状況により分類されることをすでに学んだ（4.2 節を参照）．以下，固有値の状況ごとに，平衡点 $(0,0)$ の安定性について考察する．

(I) 異なる 2 つの実固有値 λ_1, λ_2 をもつ場合：

(1) $\lambda_1 > 0$, $\lambda_2 > 0$ （両方とも正）の場合： 具体的に，

$$A = \begin{pmatrix} 4 & -3 \\ -1 & 2 \end{pmatrix}$$

の場合について考えよう．この行列 A は固有値 $\lambda = 1, 5$ をもち，ある正則行列 P により対角化可能であり，

$$P^{-1}AP = \begin{pmatrix} 1 & 0 \\ 0 & 5 \end{pmatrix}$$

となる. この行列 A に対する方程式 (7.2.3) の一般解は

$$\begin{pmatrix} x(t) \\ y(t) \end{pmatrix} = \begin{pmatrix} C_1 e^t + 3C_2 e^{5t} \\ C_1 e^t - C_2 e^{5t} \end{pmatrix} \quad (C_1,\, C_2 \text{ は任意定数}) \tag{7.2.4}$$

である.

$(C_1,\, C_2) = (0,0)$ の場合, 解曲線は平衡点を通る曲線で, 時間 t が変化しようが平衡点に留まっている曲線である. また, $C_1 = 0$ のときの解曲線は直線 $y = -\dfrac{1}{3}x$ であり[2], $C_2 = 0$ のときの解曲線は直線 $y = x$ である. これら 2 直線はそれぞれ, 固有値 $\lambda = 5, 1$ の A の 2 つの固有空間でもある. $(C_1,\, C_2) \neq (0,0)$ の場合, すなわち, 解曲線が平衡点 $(0,0)$ を通らない場合, 固有値 $\lambda = 1, 5$ はどちらも正であるので, $t \to +\infty$ のとき,

$$|x(t)| \to +\infty, \quad |y(t)| \to +\infty$$

である. よって, 平衡点 $(0,0)$ の近くから出る解曲線はすべて平衡点からしだいに遠ざかるので, 平衡点は不安定である. また, この場合の平衡点のタイプを**結節点**といい, したがって, 平衡点 $(0,0)$ は方程式 (7.2.3) の不安定結節点である. ここで, 結節点とは, ほとんどすべての解曲線が $t \to +\infty$ (または, $t \to -\infty$) のとき, その解曲線の接線の傾きが共通の極限値をもつような平衡点のことである. (7.2.4) については, $C_1 \neq 0$ の場合, 接線の傾きがどの解曲線も

$$\frac{dy}{dx} = \frac{\frac{dy}{dt}}{\frac{dx}{dt}} = \frac{C_1 e^t - 5C_2 e^{5t}}{C_1 e^t + 15C_2 e^{5t}} \to 1 \quad (t \to -\infty)$$

であることが確かめられ, 平衡点が結節点であることがわかる[3]. 実際に, 相図 (図 7.8 (1)) で, ほとんどすべての解曲線が $t \to -\infty$ のときに, 直線 $y = x$ に接するように平衡点 $(0,0)$ に近づく様子を確認することができる.

---

2)　正確には, $C_1 = 0$ かつ $C_2 \neq 0$ のときの解曲線は直線 $y = -\frac{1}{3}x$ 上にあり, 平衡点である原点を通らない. 以降の具体例についても, 同様に直線全体と一致するわけではないが, 簡単のため同様の表現をする.

3)　$C_2 \neq 0$ の場合, $\frac{dy}{dx} \to -\frac{1}{3}$ $(t \to +\infty)$ である.

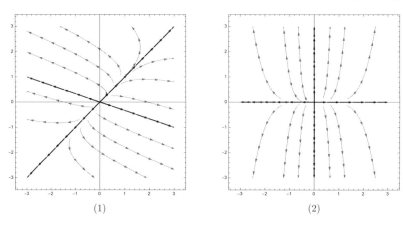

(1)   (2)

図 **7.8** (1) A に対する相図（ただし，全体の様子がわかるように，解曲線の
本数を減らしている．以後，相図における解曲線の本数は減らして
図示することとする．） A の固有空間を表す直線 $y = x$, $y = -\frac{1}{3}x$
が特別な解曲線として現れている．平衡点を通らないすべての解曲
線は平衡点からから吹き出るかのように，時間 t の経過とともに平
衡点から外へ離れていく．(2) 標準形 $P^{-1}AP$ に対する相図

<u>(2) $\lambda_1 < 0$, $\lambda_2 < 0$（両方とも負）の場合</u>：　具体的に，

$$A = \begin{pmatrix} -1 & 1 \\ -2 & -4 \end{pmatrix}$$

の場合について考えよう．この行列 A は固有値 $\lambda = -3, -2$ をもち，ある正
則行列 P により対角化可能であり，

$$P^{-1}AP = \begin{pmatrix} -3 & 0 \\ 0 & -2 \end{pmatrix}$$

となる．この行列 A に対する方程式 (7.2.3) の一般解は

$$\begin{pmatrix} x(t) \\ y(t) \end{pmatrix} = \begin{pmatrix} C_1 e^{-3t} + C_2 e^{-2t} \\ -2C_1 e^{-3t} - C_2 e^{-2t} \end{pmatrix} \quad (C_1, C_2 \text{ は任意定数})$$

である．

A の固有値 $\lambda = -3, -2$ に対する 2 つの固有空間である直線 $y = -2x$
と直線 $y = -x$ は，それぞれ $C_2 = 0$, $C_1 = 0$ の場合の解曲線である．
$(C_1, C_2) \neq (0,0)$ の場合，固有値 $\lambda = -3, -2$ はどちらも負であるので，
$t \to +\infty$ のとき，

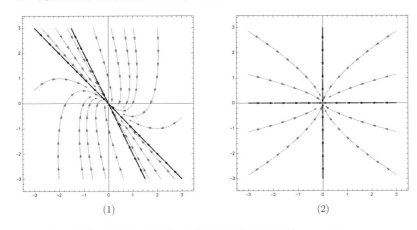

$$(1) \qquad (2)$$

図 **7.9** (1) A に対する相図. A の固有空間を表す直線 $y = -2x, y = -x$
が特別な解曲線として現れている. 平衡点を通らないすべての解曲
線は, 平衡点へ吸い込まれているかのように, 時間 t の経過ととも
に平衡点へ近づいていく. (2) 標準形 $P^{-1}AP$ に対する相図

$$x(t) \to 0, \quad y(t) \to 0$$

である. よって, 平衡点 $(0,0)$ の近くから出る解曲線はすべて平衡点 $(0,0)$ に
近づくので, 平衡点は漸近安定である. また, 相図（図 7.9 (1)）で, ほとん
どすべての解曲線が $t \to +\infty$ のときに, 直線 $y = -x$ に接するように平衡
点 $(0,0)$ に近づく様子を確認することができるので, 平衡点 $(0,0)$ は方程式
(7.2.3) の漸近安定結節点である.

(3) $\lambda_1 > 0, \lambda_2 < 0$（異符号）の場合： 具体的に,

$$A = \begin{pmatrix} 3 & -2 \\ 3 & -4 \end{pmatrix}$$

の場合について考えよう. この行列 A は固有値 $\lambda = -3, 2$ をもち, ある正則
行列 P により対角化可能であり,

$$P^{-1}AP = \begin{pmatrix} -3 & 0 \\ 0 & 2 \end{pmatrix}$$

となる. この行列 A に対する方程式 (7.2.3) の一般解は

$$\begin{pmatrix} x(t) \\ y(t) \end{pmatrix} = \begin{pmatrix} C_1 e^{-3t} + 2C_2 e^{2t} \\ 3C_1 e^{-3t} + C_2 e^{2t} \end{pmatrix} \quad (C_1, C_2 \text{ は任意定数})$$

である.

平衡点を通らない解曲線のうち, $C_2 = 0$ の解曲線は, 負の固有値 $\lambda = -3$ の固有空間である直線 $y = 3x$ 上を平衡点 $(0,0)$ へ吸い込まれるように流れていき, $C_1 = 0$ の解曲線は, 正の固有値 $\lambda = 2$ の固有空間である直線 $y = \dfrac{1}{2}x$ 上を平衡点 $(0,0)$ から吹き出るように流れていく. また, $e^{-5t} \to 0$, $e^{2t} \to +\infty$ $(t \to +\infty)$ であるので, $C_2 \neq 0$ の場合, $t \to +\infty$ のとき,

$$|x(t)| = e^{2t}|C_1 e^{-5t} + 2C_2| \to +\infty,$$
$$|y(t)| = e^{2t}|3C_1 e^{-5t} + C_2| \to +\infty$$

である. よって, 直線 $y = 3x$ を通らないすべての解曲線は $t \to +\infty$ のときに平衡点 $(0,0)$ からしだいに遠ざかるので, 平衡点は不安定である. また, 相図 (図 7.10 (1)) で, 固有空間である 2 直線 $y = 3x$, $y = \dfrac{1}{2}x$ を通らないすべての解曲線は, $t \to +\infty$ のときも, $t \to -\infty$ のときも, どちらも平衡点から遠ざかる様子を確認することができる. このような平衡点を鞍点という.

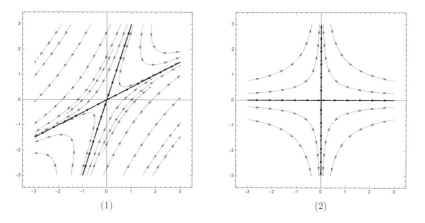

(1)   (2)

図 **7.10** (1) A に対する相図. A の固有空間を表す直線 $y = 3x$, $y = \frac{1}{2}x$ が特別な解曲線として現れている. 直線 $y = 3x$ 上では平衡点 $(0,0)$ へ吸い込まれるように流れていき, 直線 $y = \frac{1}{2}x$ 上では平衡点 $(0,0)$ から吹き出るように流れていく. これら 2 直線を通らない解曲線は 2 直線に沿うように流れていく. (2) 標準形 $P^{-1}AP$ に対する相図

(II)　ただ 1 つの実固有値 λ をもつ場合：

(1) $\lambda > 0$ の場合：　具体的に,

$$A = \begin{pmatrix} 1 & -1 \\ 1 & 3 \end{pmatrix}$$

の場合について考えよう. この行列 A は固有値 $\lambda = 2$ をもち, ある正則行列
P によりジョルダン細胞へ変形可能であり,

$$P^{-1}AP = \begin{pmatrix} 2 & 1 \\ 0 & 2 \end{pmatrix} \tag{7.2.5}$$

となる. この行列 A に対する方程式 (7.2.3) の一般解は

$$\begin{pmatrix} x(t) \\ y(t) \end{pmatrix} = \begin{pmatrix} (C_1 + C_2(t-1))\,e^{2t} \\ (-C_1 - C_2 t)e^{2t} \end{pmatrix} \quad (C_1,\,C_2\text{ は任意定数})$$

である.

　平衡点を通らない解曲線のうち, $C_2 = 0$ の解曲線は, 固有値 $\lambda = 2$ の固有
空間である直線 $y = -x$ 上を平衡点 $(0,0)$ から外へ吹き出るように流れてい
く. 相図 (図 7.11 (1)) をみると, 全体としては, 解曲線は平衡点から反時計
回りに吹き出るように流れていることがわかる. (7.2.5) の変数変換の行列 P
の行列式 $|P|$ が $|P| < 0$ であるので, ジョルダン細胞 $P^{-1}AP$ に対する「時
計回り」の相図 (図 7.11 (2)) を, 変数変換の行列 P が座標平面を裏返すよ
うに移して「反時計回り」の相図 (図 7.11 (1)) ができている. 平衡点を通ら
ないすべての解曲線は, $t \to +\infty$ のときに平衡点からしだいに遠ざかるので,
平衡点は不安定である. また, 固有空間である直線 $y = -x$ を通らないすべて
の解曲線は, $t \to -\infty$ のとき直線 $y = -x$ に接するように平衡点へ近づくの
で, 平衡点は不安定結節点である.

　ここで図 7.11 (3) は, 次の行列 B

$$B = \begin{pmatrix} 3 & 1 \\ -1 & 1 \end{pmatrix} \tag{7.2.6}$$

を係数行列とする方程式 (7.2.3) の相図である. ある正則行列 Q により B を
ジョルダン細胞へ変形すると,

$$Q^{-1}BQ = \begin{pmatrix} 2 & 1 \\ 0 & 2 \end{pmatrix}$$

となり, (7.2.5) と同じジョルダン細胞である. 行列 Q の行列式は $|Q| > 0$

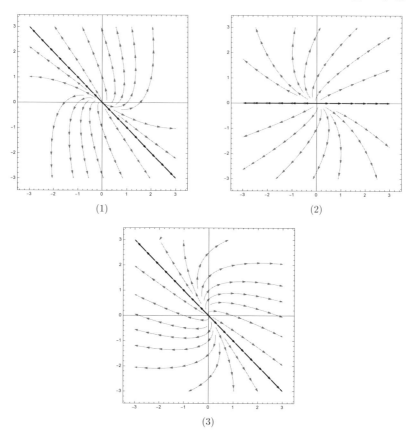

(1)   (2)

(3)

図 **7.11** (1) A に対する相図. ただ 1 つの固有値 $\lambda = 2$ の固有空間を表す
直線 $y = -x$ を通る解曲線はこの直線上を平衡点 $(0,0)$ から吹き
出るように流れていく. 解曲線は反時計回りに平衡点 $(0,0)$ から
吹き出るように流れていく. (2) ジョルダン細胞 $P^{-1}AP$ に対す
る相図. (3) (7.2.6) の B に対する相図

であるので, その相図は「時計回り」に平衡点から吹き出る曲線の図となって
いる.

(2) $\lambda < 0$ の場合： 具体的に,

$$A = \begin{pmatrix} -1 & -1 \\ 1 & -3 \end{pmatrix}$$

の場合について考えよう. この行列 A は固有値 $\lambda = -2$ をもち, ある正則行

列 P （行列式は $|P| < 0$）によりジョルダン細胞へ変形可能であり,

$$P^{-1}AP = \begin{pmatrix} -2 & 1 \\ 0 & -2 \end{pmatrix}$$

となる. この行列 A に対する方程式 (7.2.3) の一般解は

$$\begin{pmatrix} x(t) \\ y(t) \end{pmatrix} = \begin{pmatrix} (C_1 + C_2(t+1))\, e^{-2t} \\ (C_1 + C_2 t) e^{-2t} \end{pmatrix} \quad (C_1, \, C_2 \text{ は任意定数})$$

である.

　平衡点を通らない解曲線のうち, $C_2 = 0$ の解曲線は, 固有値 $\lambda = -2$ の固有空間である直線 $y = x$ 上を平衡点 $(0,0)$ へ吸い込まれるように流れていく. 相図（図 7.12 (1)）をみると, 全体としては, 解曲線は平衡点へ反時計回りに吸い込まれるように流れていることがわかる. 平衡点を通らないすべての解曲線は $t \to +\infty$ のときに平衡点へ近づくので, 平衡点は漸近安定である. また, 固有空間である直線 $y = x$ を通らないすべての解曲線は, $t \to +\infty$ のとき, 直線 $y = x$ に接するように平衡点へ近づくので, 平衡点は漸近安定結節点である.

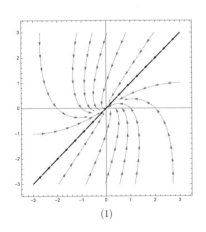
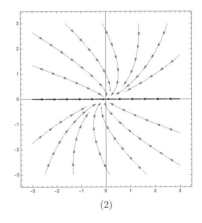

図 **7.12** (1) A に対する相図. ただ 1 つの固有値 $\lambda = -2$ の固有空間を表す直線 $y = x$ を通る解曲線はこの直線上を平衡点 $(0,0)$ へ吸い込まれるように流れていく. 解曲線は反時計回りに平衡点 $(0,0)$ へ吸い込まれるように流れていく. (2) ジョルダン細胞 $P^{-1}AP$ に対する相図

(III) 固有値が虚数 $\lambda = p \pm qi$ である場合：

(1) $p = 0$ の場合： 具体的に，

$$A = \begin{pmatrix} 1 & 2 \\ -1 & -1 \end{pmatrix}$$

の場合について考えよう．この行列 A は固有値 $\lambda = \pm i$ をもち，ある正則行列 P（行列式は $|P| < 0$）により

$$P^{-1}AP = \begin{pmatrix} 0 & -1 \\ 1 & 0 \end{pmatrix}$$

のように変形することができる．この行列 A に対する方程式 (7.2.3) の一般解は

$$\begin{pmatrix} x(t) \\ y(t) \end{pmatrix} = \begin{pmatrix} (C_1 - C_2)\cos t - (C_1 + C_2)\sin t \\ -C_1 \cos t + C_2 \sin t \end{pmatrix} \quad (C_1,\, C_2 \text{ は任意定数})$$

である．

　相図（図 7.13 (1)）をみると，平衡点を通らない解曲線は平衡点を中心とする楕円の形状をしている．解が周期的な解（**周期解**）であることが，その形状に現れている．このような平衡点を**渦心点**という．平衡点 $(0,0)$ の近くから出るすべての解曲線は平衡点の近くにあるので，この平衡点は安定である．

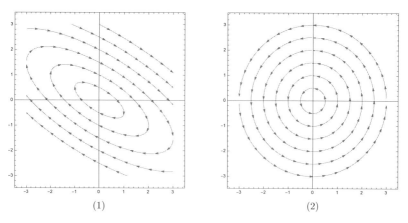

(1)   (2)

図 7.13 (1) A に対する相図．純虚数である固有値 $\lambda = \pm i$ をもつ．
(2) $P^{-1}AP$ に対する相図（P の行列式は $|P| < 0$）

(2) $p > 0$ の場合： 具体的に,

$$A = \begin{pmatrix} 5 & -5 \\ 2 & -1 \end{pmatrix}$$

の場合について考えよう. この行列 A は固有値 $\lambda = 2 \pm i$ をもち, ある正則行列 P（行列式は $|P| > 0$）により

$$P^{-1}AP = \begin{pmatrix} 2 & -1 \\ 1 & 2 \end{pmatrix}$$

のように変形することができる. この行列 A に対する方程式 (7.2.3) の一般解は

$$\begin{pmatrix} x(t) \\ y(t) \end{pmatrix} = \begin{pmatrix} e^{2t}\left((-3C_1 + C_2)\cos t + (C_1 + 3C_2)\sin t\right) \\ e^{2t}(-2C_1\cos t + 2C_2\sin t) \end{pmatrix}$$

$$(C_1,\ C_2\ \text{は任意定数})$$

である.

相図（図 7.14 (1)）をみると, $t \to +\infty$ のとき $e^{2t} \to +\infty$ であるので, 平衡点 $(0,0)$ を通らない解曲線は螺旋状に平衡点から吹き出るように平衡点からしだいに離れていく. このような平衡点を不安定渦状点という.

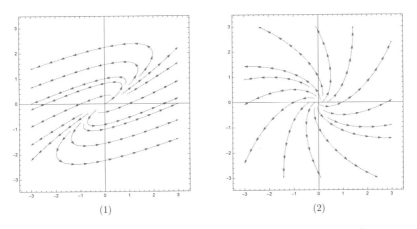

(1)　　　　　　　　　　　　　(2)

図 7.14 (1) A に対する相図. 虚数である固有値 $\lambda = 2 \pm i$ をもつ.
(2) $P^{-1}AP$ に対する相図（P の行列式は $|P| > 0$）

<u>(3) $p < 0$ の場合</u>:　具体的に,

$$A = \begin{pmatrix} -5 & -5 \\ 2 & 1 \end{pmatrix}$$

の場合について考えよう. この行列 A は固有値 $\lambda = -2 \pm i$ をもち, ある正則行列 P (行列式は $|P| > 0$) により

$$P^{-1}AP = \begin{pmatrix} -2 & -1 \\ 1 & -2 \end{pmatrix}$$

へ変形することができる. この行列 A に対する方程式 (7.2.3) の一般解は

$$\begin{pmatrix} x(t) \\ y(t) \end{pmatrix} = \begin{pmatrix} e^{-2t}\left((3C_1 + C_2)\cos t + (C_1 - 3C_2)\sin t\right) \\ e^{-2t}(-2C_1\cos t + 2C_2\sin t) \end{pmatrix}$$

$$(C_1, C_2 \text{ は任意定数})$$

である.

相図 (図 7.15 (1)) をみると, $t \to +\infty$ のとき $e^{-2t} \to 0$ であるので, 平衡点 $(0,0)$ を通らない解曲線は螺旋状に平衡点へ吸い込まれるように平衡点へ近づく. このような平衡点は漸近安定渦状点である.

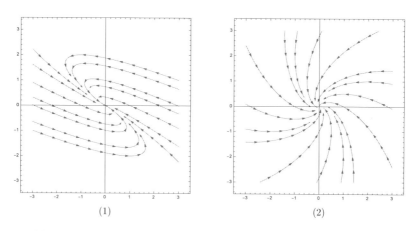

　　　　　　(1)　　　　　　　　　　　　　　　　(2)

図 **7.15** (1) A に対する相図. 虚数である固有値 $\lambda = -2 \pm i$ をもつ.
(2) $P^{-1}AP$ に対する相図 (P の行列式は $|P| > 0$)

一般に，定数係数連立線形微分方程式 (7.2.3) は原点 $(0,0)$ を平衡点とし，その安定性は係数行列 A の固有値により判断することができる．また，方程式 (7.2.3) の相図については，標準形 $P^{-1}AP$ の相図と A の固有空間，変換行列 P により，その概形を描くことができる．

命題 7.2.2 未知関数が 2 つの定数係数連立線形微分方程式

$$\frac{d}{dt}\begin{pmatrix} x \\ y \end{pmatrix} = A\begin{pmatrix} y \\ y \end{pmatrix}$$

の平衡点 $(0,0)$ における安定性は，次のように A の固有値によって判別することができる．

固有値			平衡点の型
実数	2 つの異なる固有値 λ_1, λ_2	$\lambda_1 > 0, \lambda_2 > 0$	不安定結節点
		$\lambda_1 < 0, \lambda_2 < 0$	漸近安定結節点
		$\lambda_1 \lambda_2 < 0$	鞍点（不安定）
	1 つの固有値 λ	$\lambda > 0$	不安定結節点
		$\lambda < 0$	漸近安定結節点
虚数	純虚数 $\pm qi$	$p = 0$	渦心点（安定）
	虚数 $p \pm qi$	$p > 0$	不安定渦状点
		$p < 0$	漸近安定渦状点

例題 7.2.1 次の微分方程式の平衡点の安定性を調べ，平衡点のまわりの相図の概形を描け．

$$\frac{d}{dt}\begin{pmatrix} x \\ y \end{pmatrix} = \begin{pmatrix} -2 & 5 \\ 3 & -4 \end{pmatrix}\begin{pmatrix} x \\ y \end{pmatrix}$$

[解答] 係数行列 $A = \begin{pmatrix} -2 & 5 \\ 3 & -4 \end{pmatrix}$ の固有値は $\lambda = -7, 1$ であるので，2 つの実固有値をもち，それらは異符号である．よって，平衡点 $(0,0)$ は鞍点である．これは不安定な平衡点である．相図の概形は図 7.16 である． ∎

例題 7.2.1 の相図の概形を手書きで描くポイントは，「固有空間」と「鞍点」である．

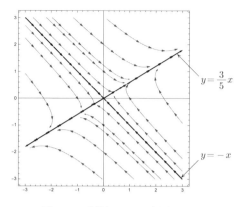

図 **7.16** 例題 7.2.1 の相図

(i) 相平面に固有空間を表す直線 $y = -x$, $y = \dfrac{3}{5}x$ を描く.

(ii) 固有値 $\lambda = -7 < 0$ の固有空間を表す直線 $y = -x$ 上に, 原点 $(0,0)$ へ向かう矢印を書き込む.

(iii) 固有値 $\lambda = 1 > 0$ の固有空間を表す直線 $y = \dfrac{3}{5}x$ 上に, 原点 $(0,0)$ から外へ向かう矢印を書き込む.

(iv) 2直線上の矢印の向きに注意しながら, 「鞍点」の相図になるように, 数本の解曲線を書き込む.

このような手順で相図の概形を描けばよい. 他の型の平衡点の場合, さらに, 標準形 $P^{-1}AP$ の相図の概形と固有ベクトルの向き, および, 変換行列 P の行列式 $|P|$ の正負を考えて描けばよい.

演習問題

7.2.2 次の行列 A を係数行列とする微分方程式 $\dfrac{d}{dt}\begin{pmatrix} x \\ y \end{pmatrix} = A\begin{pmatrix} x \\ y \end{pmatrix}$ の平衡点の安定性を調べ, 平衡点のまわりの相図の概形を描け.

(1) $A = \begin{pmatrix} 6 & -2 \\ 4 & -3 \end{pmatrix}$ (2) $A = \begin{pmatrix} 1 & 2 \\ -3 & -4 \end{pmatrix}$ (3) $A = \begin{pmatrix} 5 & -4 \\ 2 & -1 \end{pmatrix}$

(4) $A = \begin{pmatrix} 7 & 8 \\ -2 & -1 \end{pmatrix}$ (5) $A = \begin{pmatrix} -1 & 9 \\ -2 & 7 \end{pmatrix}$ (6) $A = \begin{pmatrix} 1 & -1 \\ 5 & -1 \end{pmatrix}$

7.2.3 連立微分方程式の線形化

ここでは，連立微分方程式

$$\frac{d}{dt}\begin{pmatrix} x \\ y \end{pmatrix} = \begin{pmatrix} f_1(x, y) \\ f_2(x, y) \end{pmatrix} \tag{7.2.7}$$

において，$f_1(x, y)$, $f_2(x, y)$ が x, y の同次 1 次式ではない場合についての平衡点の安定性について考察する．一般には，このような微分方程式の厳密解を求めることは困難である．方程式の線形近似を行って得られた定数係数連立線形微分方程式の相空間解析を行うことにより，もとの微分方程式 (7.2.7) の平衡点の安定性の情報を得ることができる場合がある．

点 (x_0, y_0) を方程式 (7.2.7) の平衡点であるとする．すなわち，$f_1(x_0, y_0) = f_2(x_0, y_0) = 0$ とする．このとき，点 (x_0, y_0) のまわりでの f_1, f_2 のテイラー展開により，

$$f_1(x, y) = \frac{\partial f_1}{\partial x}(x_0, y_0)(x - x_0) + \frac{\partial f_1}{\partial y}(x_0, y_0)(y - y_0) + (高次の項),$$

$$f_2(x, y) = \frac{\partial f_2}{\partial x}(x_0, y_0)(x - x_0) + \frac{\partial f_2}{\partial y}(x_0, y_0)(y - y_0) + (高次の項)$$

であるので，

$$\begin{pmatrix} f_1(x, y) \\ f_2(x, y) \end{pmatrix} = \begin{pmatrix} \dfrac{\partial f_1}{\partial x}(x_0, y_0) & \dfrac{\partial f_1}{\partial y}(x_0, y_0) \\ \dfrac{\partial f_2}{\partial x}(x_0, y_0) & \dfrac{\partial f_2}{\partial y}(x_0, y_0) \end{pmatrix} \begin{pmatrix} x - x_0 \\ y - y_0 \end{pmatrix} + (高次の項)$$

と書くことができる．ここで，$u = x - x_0$, $v = y - y_0$ とおくと，$\dfrac{dx}{dt} = \dfrac{du}{dt}$, $\dfrac{dy}{dt} = \dfrac{dv}{dt}$ なので，方程式 (7.2.7) は

$$\frac{d}{dt}\begin{pmatrix} u \\ v \end{pmatrix} = \begin{pmatrix} \dfrac{\partial f_1}{\partial x}(x_0, y_0) & \dfrac{\partial f_1}{\partial y}(x_0, y_0) \\ \dfrac{\partial f_2}{\partial x}(x_0, y_0) & \dfrac{\partial f_2}{\partial y}(x_0, y_0) \end{pmatrix} \begin{pmatrix} u \\ v \end{pmatrix} + (高次の項)$$

となる．t が十分に 0 に近いとき，「高次の項」は無視できるくらい 0 に近くなるので，方程式 (7.2.7) は定数係数連立微分方程式

$$\frac{d}{dt}\begin{pmatrix} u \\ v \end{pmatrix} = \begin{pmatrix} \dfrac{\partial f_1}{\partial x}(x_0, y_0) & \dfrac{\partial f_1}{\partial y}(x_0, y_0) \\ \dfrac{\partial f_2}{\partial x}(x_0, y_0) & \dfrac{\partial f_2}{\partial y}(x_0, y_0) \end{pmatrix} \begin{pmatrix} u \\ v \end{pmatrix} \tag{7.2.8}$$

で近似することができる. xy-平面での平衡点 $(x, y) = (x_0, y_0)$ は uv-平面での原点 $(u, v) = (0, 0)$ に対応している. 方程式 (7.2.8) を方程式 (7.2.7) の点 (x_0, y_0) のまわりでの**線形化**という. また, 行列

$$\begin{pmatrix} \dfrac{\partial f_1}{\partial x}(x_0, y_0) & \dfrac{\partial f_1}{\partial y}(x_0, y_0) \\ \dfrac{\partial f_2}{\partial x}(x_0, y_0) & \dfrac{\partial f_2}{\partial y}(x_0, y_0) \end{pmatrix}$$

を点 (x_0, y_0) のまわりでの方程式 (7.2.7) の**ヤコビ行列**ということにする.

○例 **7.2.1** 図 7.17 のような, 糸の長さ ℓ, 角振幅 θ, 重力加速度 g の単振り子の運動は, 2 階微分方程式

$$\frac{d^2\theta}{dt^2} = -\frac{g}{\ell}\sin\theta \tag{7.2.9}$$

で記述される.

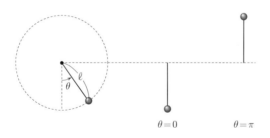

図 **7.17** 単振り子

ここで, 簡単のため $\dfrac{g}{\ell} = 1$ とし, 角速度を $v = \dfrac{d\theta}{dt}$ とおくと, 2 階微分方程式 (7.2.9) は連立微分方程式

$$\begin{cases} \dfrac{d\theta}{dt} = v, \\ \dfrac{dv}{dt} = -\sin\theta \end{cases} \tag{7.2.10}$$

として考えることができる. 連立微分方程式 (7.2.10) の平衡点は, $(\theta, v) =$

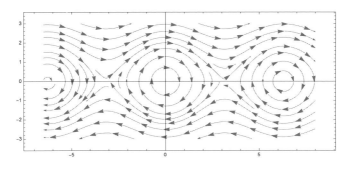

図 **7.18** 連立微分方程式 (7.2.10) の相図

$(n\pi, 0)$（n は整数）であり，相平面（θv-平面）における相図は図 7.18 のようになる.

平衡点 (θ, v) のまわりでの方程式 (7.2.10) のヤコビ行列は

$$J = \begin{pmatrix} 0 & 1 \\ -\cos\theta & 0 \end{pmatrix}$$

である.

ここで，$\theta = 0$ のとき，

$$J = \begin{pmatrix} 0 & 1 \\ -1 & 0 \end{pmatrix}$$

であり，固有値 $\lambda = \pm i$ をもち，線形化した方程式の平衡点は渦心点である．よって，平衡点の近くでは周期的解であることが推測される．物理的には，摩擦のない状態なので，振り子の初期位置が真下近くにあり，初速度が小さい場合には周期的な振動が起こることを表している.

また，$\theta = \pi$ のとき，

$$J = \begin{pmatrix} 0 & 1 \\ 1 & 0 \end{pmatrix}$$

であり，固有値 $\lambda = \pm 1$ をもち，線形化した方程式の平衡点は鞍点である．物理的には，振り子の初期位置が真上近くにあり，初速度が小さい場合には振り子は落下して真上の位置（平衡点の状態）から離れていくので，この平衡点は不安定であることがわかる.

●**注意** 方程式 (7.2.10) の相図（図 7.18）をみると，方程式 (7.2.10) の平衡
点の安定性と線形化して得られた方程式の平衡点の安定性が一致していること
がわかる．しかしながら，$\theta = 0$ の場合のように線形化した方程式の平衡点が
渦心点となる場合は注意をする必要がある．線形化後の平衡点が渦心点となる
場合，もとの連立微分方程式の平衡点の安定性が対応する線形化方程式の平衡
点の安定性と一致するとは限らない．例 7.2.1 は安定性が一致した例である．

演習問題

7.2.3 次の連立微分方程式

$$\begin{cases} \dfrac{dx}{dt} = x^2 - 2x + xy, \\ \dfrac{dy}{dt} = x^2 - y \end{cases}$$

の平衡点を求めよ．また，平衡点のまわりでの方程式の線形化を行い，平衡点の安定性
を調べよ．

8

その他の解法

8.1 ラプラス変換による解法

関数を別の関数に対応させる変換としてラプラス変換というものがある。これを利用すると，微分・積分がかけ算・割り算に置き換わるため，高階で複雑な微分方程式を代数方程式に書き換えて解ける場合がある。特に，定数係数の線形微分方程式のときに有用である。本節ではその方法について説明する。

$f(x)$ を区間 $[0, \infty)$ で定義された関数とし，広義積分

$$\int_0^\infty e^{-sx} f(x)\, dx = \lim_{R \to \infty} \int_0^R e^{-sx} f(x)\, dx$$

が存在する（右辺の極限が存在する）とき，これを $f(x)$ の**ラプラス変換**といい，得られた新たな s の関数を $\mathcal{L}[f(x)](s)$ または単に $F(s)$ [1]と表す。$f(x)$ を**原関数**，$F(s)$ を**像関数**とよぶこともある。

8.1.1 ラプラス変換の性質

ここではラプラス変換の重要な性質をまとめておく。この際，ラプラス変換の存在は仮定する。なお，定義からほぼ明らかなものの証明は省略する。

（1）ラプラス変換の線形性

命題 8.1.1 定数 k に対し，

$$\mathcal{L}[f(x) + g(x)](s) = F(s) + G(s),$$

$$\mathcal{L}[kf(x)](s) = kF(s)$$

---

1) もとの与えられた関数 $f(x)$ の大文字を用いる。例えば，関数 $g(x)$ をラプラス変換して得られた関数は $G(s)$ と表す。

が成り立つ.

（2） 相 似 法 則

命題 8.1.2 a を正の定数とすると,

$$\mathcal{L}[f(ax)](s) = \frac{1}{a} F\left(\frac{s}{a}\right)$$

が成り立つ.

（3） 第 1 移動法則

命題 8.1.3 定数 a に対し,

$$\mathcal{L}[e^{ax}f(x)](s) = F(s-a) \quad (s > a)$$

が成り立つ.

（4） 微分のラプラス変換

命題 8.1.4 関数 $f(x)$ が微分可能で, $x \to \infty$ で $e^{-sx}f(x) \to 0$ ならば,

$$\mathcal{L}[f'(x)](s) = sF(s) - f(0)$$

が成り立つ.

[証明] 部分積分によって

$$\int_0^R e^{-sx}f'(x)\,dx = \left[e^{-sx}f(x)\right]_0^R - \int_0^R \left(e^{-sx}\right)' f(x)\,dx$$

$$= e^{-sR}f(R) - f(0) + s\int_0^R e^{-sx}f(x)\,dx$$

と変形できるので, 極限 $R \to \infty$ をとることで

$$\mathcal{L}[f'(x)](s) = \lim_{R\to\infty} \int_0^R e^{-sx}f'(x)\,dx$$

$$= \lim_{R\to\infty} \left\{ e^{-sR}f(R) - f(0) + s\int_0^R e^{-sx}f(x)\,dx \right\}$$

$$= 0 - f(0) + sF(s)$$

と求める式が得られる.   ■

命題 8.1.5 関数 $f(x)$ が n 回微分可能で，$k = 0, 1, 2, \ldots, n-1$ に対し $x \to \infty$ で $e^{-sx} f^{(k)}(x) \to 0$ ならば，

$$\mathcal{L}[f^{(n)}(x)](s) = s^n F(s) - f(0)s^{n-1} - f'(0)s^{n-2} - \cdots - f^{(n-1)}(0)$$

$$(8.1.1)$$

が成り立つ.

[証明] $n = 1$ のときは命題 8.1.4 より成り立つ. $n = k$ のときに式 (8.1.1) が成り立つと仮定する. $n = k+1$ のとき，$f^{(k+1)}(x) = (f^{(k)}(x))'$ であるので，$f^{(k)}(x)$ に命題 8.1.4 を用いると，

$$\mathcal{L}[f^{(k+1)}(x)](s) = s\mathcal{L}[f^{(k)}(x)](s) - f^{(k)}(0)$$

が成り立つ. さらに $n = k$ のときの仮定を用いれば，

$$\mathcal{L}[f^{(k+1)}(x)](s)$$

$$= s\left\{ s^k F(s) - f(0)s^{k-1} - f'(0)s^{k-2} - \cdots - f^{(k-1)}(0) \right\} - f^{(k)}(0)$$

$$= s^{k+1} F(s) - f(0)s^k - f'(0)s^{k-1} - \cdots - f^{(k-1)}(0)s - f^{(k)}(0)$$

が得られ，これは $n = k+1$ のときも式 (8.1.1) が成り立つことを意味する. よって数学的帰納法より示された. ■

(5) 積分のラプラス変換

命題 8.1.6 $x \to \infty$ で $e^{-sx} \displaystyle\int_0^x f(t)\,dt \to 0$ ならば，

$$\mathcal{L}\left[\int_0^x f(t)\,dt \right](s) = \frac{1}{s} F(s)$$

が成り立つ.

[証明] $g(x) = \displaystyle\int_0^x f(t)\,dt$ とおくと，命題 8.1.4 より

$$\mathcal{L}[g'(x)](s) = s\mathcal{L}[g(x)](s) - g(0)$$

が成り立つ. さらに $g'(x) = f(x)$ および $g(0) = 0$ となることを用いれば，$\mathcal{L}[f(x)](s) = s\mathcal{L}[g(x)](s)$ となるので，この両辺を s で割ることで求める式が得られる. ■

（**6**）　**畳み込みのラプラス変換**

　関数 $f(x)$ と $g(x)$ の**畳み込み**を $f * g$ で表し，

$$(f * g)(x) = \int_0^x f(x - t)g(t)\, dt$$

で定義する．$f * g$ は**合成積**ともよばれる．

$$\int_0^x f(x - t)g(t)\, dt = \int_0^x f(t)g(x - t)\, dt$$

であるので，交換法則 $f * g = g * f$ が成立する．

命題 8.1.7

$$\mathcal{L}\left[(f * g)(x)\right](s) = F(s)G(s)$$

が成り立つ．

　[証明]　ラプラス変換の定義式において積分順序を交換すると，

$$\mathcal{L}[(f * g)(x)](s) = \int_0^\infty e^{-sx}\left\{\int_0^x f(x - y)g(y)\, dy\right\}dx$$

$$= \int_0^\infty \left\{\int_y^\infty e^{-sx}f(x - y)\, dx\right\}g(y)\, dy$$

と変形できる．さらに $e^{-sx} = e^{-s(x-y)}e^{-sy}$ と変形したうえで，積分変数を $x - y = z$ と置換すると，

$$\int_0^\infty \left\{\int_y^\infty e^{-sx}f(x - y)\, dx\right\}g(y)\, dy$$

$$= \int_0^\infty \left\{\int_y^\infty e^{-s(x-y)}f(x - y)\, dx\right\}e^{-sy}g(y)\, dy$$

$$= \int_0^\infty \left\{\int_0^\infty e^{-sz}f(z)\, dz\right\}e^{-sy}g(y)\, dy$$

$$= \left\{\int_0^\infty e^{-sz}f(z)\, dz\right\} \cdot \left\{\int_0^\infty e^{-sy}g(y)\, dy\right\}$$

と変形できる．これは $F(s)$ と $G(s)$ の積となっているので，求める式が得られた．∎

(7) ラプラス変換の微分

命題 8.1.8 $F(s)$ は微分可能とする. さらに, $e^{-sx}xf(x)$ が区間 $(0, \infty)$ で絶対可積分, つまり $\int_0^\infty e^{-sx}x|f(x)|\,dx < \infty$ のとき,

$$\mathcal{L}\left[-xf(x)\right](s) = F'(s)$$

が成り立つ.

[証明] ラプラス変換 $\mathcal{L}[f(x)](s) = F(s)$ を s で微分する. 与えられた条件のもとで広義積分と微分の操作の順序を交換することができるので,

$$F'(s) = \frac{d}{ds}\left\{\int_0^\infty e^{-sx}f(x)\,dx\right\}$$

$$= \int_0^\infty \frac{\partial}{\partial s}\left\{e^{-sx}f(x)\right\}dx$$

$$= \int_0^\infty \left\{(-x)e^{-sx}f(x)\right\}dx = -\mathcal{L}[xf(x)](s)$$

と変形でき, 求める式が得られる. ■

8.1.2 代表的な関数のラプラス変換

ここでは代表的な関数のラプラス変換をあげておく. ただし, a はある実数の定数とする.

(1) 単位定数関数のラプラス変換

$$\mathcal{L}[1](s) = \frac{1}{s} \quad (s > 0).$$

[証明] $s > 0$ のとき,

$$\int_0^R e^{-sx}\,dx = \left[-\frac{1}{s}e^{-sx}\right]_0^R = -\frac{1}{s}e^{-sR} + \frac{1}{s}$$

より,

$$\mathcal{L}[1](s) = \int_0^\infty e^{-sx}\,dx$$

$$= \lim_{R\to\infty}\int_0^R e^{-sx}\,dx = \lim_{R\to\infty}\left(-\frac{1}{s}e^{-sR} + \frac{1}{s}\right) = \frac{1}{s}$$

と求める式が得られる. ■

（**2**）　指数関数のラプラス変換

$$\mathcal{L}[e^{ax}](s) = \frac{1}{s-a} \quad (s > a).$$

　[証明]　$\mathcal{L}[e^{ax}](s)$ を変形して単位定数関数のラプラス変換を用いると，

$$\mathcal{L}[e^{ax}](s) = \int_0^\infty e^{-sx} e^{ax}\, dx = \int_0^\infty e^{-(s-a)x}\, dx = \mathcal{L}[1](s-a) = \frac{1}{s-a}$$

と求める式が得られる．　∎

（**3**）　三角関数のラプラス変換

$$\mathcal{L}[\cos ax](s) = \frac{s}{s^2 + a^2} \quad (s > 0),$$

$$\mathcal{L}[\sin ax](s) = \frac{a}{s^2 + a^2} \quad (s > 0).$$

　[証明]　$f(x) = \cos ax$ とおくと $f''(x) = -a^2 f(x)$ が成り立つので，この両辺をラプラス変換することを考える．$s > 0$ のとき，$x \to 0$ で $e^{-sx} f(x) \to 0$ かつ $e^{-sx} f'(x) \to 0$ となることに注意すると，命題 8.1.5 を用いれば

$$s^2 F(s) - s f(0) - f'(0) = -a^2 F(s)$$

が成り立つ．さらに $f(0) = 1$ および $f'(0) = 0$ を用いたうえで，$F(s)$ について解けば求める式が得られる．$g(x) = \sin ax$ に対しても同様に，$g''(x) = -a^2 g(x)$ の両辺をラプラス変換して変形することで求める式が得られる．　∎

（**4**）　多項式のラプラス変換

$$\mathcal{L}[x^n](s) = \frac{n!}{s^{n+1}} \quad (s > 0;\ n = 0, 1, 2, \dots). \tag{8.1.2}$$

　[証明]　$n = 0$ のとき，単位定数関数のラプラス変換より式 (8.1.2) は成り立つ．$n = k$ のときに式 (8.1.2) が成り立つと仮定する．$n = k+1$ のとき，$f(x) = x^k$, $g(x) = \displaystyle\int_0^x f(t)\, dt = \frac{1}{k+1} x^{k+1}$ とおく．$s > 0$ のとき，$x \to 0$ で $e^{-xs} g(x) \to 0$ となることに注意すれば，命題 8.1.6 を用いることができるので，

$$\mathcal{L}[g(x)](s) = \frac{1}{s} F(s) = \frac{1}{s} \cdot \frac{k!}{s^{k+1}} = \frac{1}{k+1} \cdot \frac{(k+1)!}{s^{k+2}}$$

が得られる. この両辺に $k+1$ をかけた式は, 線形性を用いれば $n=k+1$ のときの式 (8.1.2) の形に変形できる. よって $n=k+1$ のときも式 (8.1.2) は成り立つので, 数学的帰納法より示された. ∎

例題 8.1.1 次のラプラス変換を計算せよ.

(1) $\mathcal{L}[xe^x](s)$

(2) $\mathcal{L}[x^2 \sin x](s)$

(3) $\mathcal{L}[\cos^2 x](s)$

[解答] (1) 命題 8.1.8 を利用して計算することができるが, 命題 8.1.3 を利用して計算しよう.

$n=1$ の場合の式 (8.1.2) により, $F(s)=\mathcal{L}[x](s)=\dfrac{1}{s^2}$ である. よって, 命題 8.1.3 より,

$$\mathcal{L}[xe^x](s) = F(s-1) = \frac{1}{(s-1)^2}$$

である.

(2) 命題 8.1.8 を 2 回繰り返し適用すると, 一般に

$$\mathcal{L}[x^2 f(x)](s) = (-1)^2 F''(s) = F''(s)$$

が成立することがわかる. $\mathcal{L}[\sin x](s) = \dfrac{1}{s^2+1}$ であるので,

$$\mathcal{L}[x^2 \sin x](s) = \frac{d^2}{ds^2}\left(\frac{1}{s^2+1}\right) = \frac{6s^2-2}{(s^2+1)^3}$$

である.

(3) $\cos 2x = 2\cos^2 x - 1$ であるので, 命題 8.1.1 より,

$$\mathcal{L}[\cos 2x](s) = 2\mathcal{L}[\cos^2 x](s) - \mathcal{L}[1](s)$$

が成立する. 単位定数関数と三角関数のラプラス変換の結果から,

$$\frac{s}{s^2+4} = 2\mathcal{L}[\cos^2 x](s) - \frac{1}{s}$$

を得る. これを解いて,

$$\mathcal{L}[\cos^2 x](s) = \frac{1}{2}\left(\frac{s}{s^2+4} + \frac{1}{s}\right) = \frac{s^2+2}{s(s^2+4)}$$

である. ∎

表 **8.1** ラプラス変換表

原関数 $f(x)$	像関数 $F(s) = \mathcal{L}[f](s)$	性　質
1	$\dfrac{1}{s}$	
x	$\dfrac{1}{s^2}$	
x^n	$\dfrac{n!}{s^{n+1}}$	
e^{ax}	$\dfrac{1}{s-a}$	
$\cos ax$	$\dfrac{s}{s^2+a^2}$	
$\sin ax$	$\dfrac{a}{s^2+a^2}$	
$af(x)+bg(x)$	$aF(s)+bG(s)$	線形性
$f(ax)$	$\dfrac{1}{a}F\left(\dfrac{s}{a}\right)$	相似法則
$e^{ax}f(x)$	$F(s-a)$	第 1 移動法則
$f'(x)$	$sF(s)-f(0)$	微分のラプラス変換
$f''(x)$	$s^2F(s)-sf(0)-f'(0)$	
$\displaystyle\int_0^x f(t)\,dt$	$\dfrac{1}{s}F(s)$	積分のラプラス変換
$xf(x)$	$-F'(s)$	像関数の微分
$x^n f(x)$	$(-1)^n F^{(n)}(s)$	
$f(x)*g(x)$	$F(s)G(s)$	畳み込み

8.1.3　ラプラス変換による微分方程式の初期値問題の解法

まず例として，1 階線形微分方程式の初期値問題

$$y' + ay = f(x),$$

$$y(0) = b$$

を考える（ただし，a と b は定数）．上記の微分方程式の両辺をラプラス変換すると，線形性および命題 8.1.4 より，

$$sY(s) - y(0) + aY(s) = F(s)$$

を得る. $y(0) = b$ に注意して, これを $Y(s)$ について解くと,

$$Y(s) = \frac{b}{s+a} + \frac{F(s)}{s+a}$$

が得られる. これより, ラプラス変換すると右辺の形になるような関数をみつ
ければ, 微分方程式の解 y が求まることになる (解の存在と一意性より, 他に
解は存在しない). 例えば, 右辺第 1 項は be^{-ax} をラプラス変換することで得
られる. また第 2 項についても, 代表的な関数のラプラス変換は s の有理式で
表されているので, もし $F(s)$ が s の有理式であれば, 適切に部分分数分解や
ラプラス変換の性質 (表 8.1 にまとめておく) を組み合わせることでもとの関
数を求めることができる. $F(s)$ が s の有理式でない場合も, 命題 8.1.7 より
$\mathcal{L}[e^{-ax} * f(x)](s) = \frac{1}{s+a} F(s)$ が成り立つことに注意すると,

$$Y(s) = \mathcal{L}[be^{-ax}](s) + \mathcal{L}[e^{-ax} * f(x)](s)$$

より,

$$y = be^{-ax} + \int_0^x e^{-a(x-t)} f(t)\, dt = e^{-ax} \left(b + \int_0^x e^{at} f(t)\, dt \right)$$

として解が求まることがわかる. これは定数変化法によって得られる式と一致
する.

　より高階の線形微分方程式の初期値問題についても同様に, ラプラス変換を
利用して解くことができる.

ラプラス変換を利用した微分方程式 (初期値問題) の解法.

[1] 微分方程式の両辺をラプラス変換する.

[2] [1] で得られた解 y のラプラス変換 $Y(s)$ についての等式を, 代数計算によ
　　り $Y(s)$ について解く.

[3] $Y(s)$ の右辺の関数となるようなもとの関数を求める (ラプラス逆変換).
　　これが求める初期値問題の解 y である.

例題 8.1.2 次の微分方程式の解 y を, 初期条件 $y(0) = 2,\, y'(0) = 0$ のもと
で求めよ.

$$y'' - 3y' + 2y = 2e^{3x}$$

[解答]　微分方程式の両辺をラプラス変換することで,

$$\left\{s^2 Y(s) - sy(0) - y'(0)\right\} - 3\left\{sY(s) - y(0)\right\} + 2Y(s) = \frac{2}{s-3}$$

より,

$$Y(s) = \frac{2(s-3)^2 + 2}{(s-1)(s-2)(s-3)} = 5 \cdot \frac{1}{s-1} - 4 \cdot \frac{1}{s-2} + \frac{1}{s-3}$$

が得られる. ラプラス変換して右辺になる関数は $5e^x - 4e^{2x} + e^{3x}$ であるので, 求める解は $y = 5e^x - 4e^{2x} + e^{3x}$ である. ∎

演習問題

8.1.1 次の関数のラプラス変換を求めよ. ただし, a と b は定数, n は正の整数とする.

(1) $\cosh ax$　(2) $\sinh ax$　(3) $e^{ax}\cos bx$　(4) $e^{ax}\sin bx$　(5) $e^{ax}x^n$

(6) $\cos(ax+b)$　(7) $\sin^2 ax$　(8) $x\cos ax$　(9) $xe^{ax}\sin bx$

8.1.2 ラプラス変換をすると次の関数になるようなもとの関数を求めよ.

(1) $\dfrac{1}{(s-2)^2}$　(2) $\dfrac{s}{(s-2)^2}$　(3) $\dfrac{2}{s(s-2)}$　(4) $\dfrac{s-4}{s^2+4}$　(5) $\dfrac{s+1}{s^2+2s+5}$

(6) $\dfrac{2s}{s^2+2s+5}$　(7) $\dfrac{4}{s(s^2+4)}$　(8) $\dfrac{4s}{(s^2+4)^2}$　(9) $\dfrac{16}{(s^2+4)^2}$

8.1.3 次の微分方程式の初期値問題の解を求めよ.

(1) $y' - 2y = e^{-2x}$,　$y(0) = 0$

(2) $y' + 2y = e^{-2x}$,　$y(0) = 0$

(3) $y' + 2y = 4x$,　$y(0) = 0$

(4) $y' + 2y = 4\cos 2x$,　$y(0) = 0$

(5) $y'' + 3y' + 2y = 2$,　$y(0) = 1, y'(0) = 0$

(6) $y'' + 2y' + y = 2$,　$y(0) = 1, y'(0) = 0$

(7) $y'' + 3y' + 2y = 2e^{-3x}$,　$y(0) = 1, y'(0) = 0$

(8) $y'' + 3y' + 2y = 10\sin x$,　$y(0) = 1, y'(0) = 0$

(9) $y'' + 3y' + 2y = 4x$,　$y(0) = 1, y'(0) = 0$

(10) $y'' + 2y' + 5y = 5e^{-2x}$,　$y(0) = 1, y'(0) = 0$

8.2　べき級数による解法

8.1 節で述べたラプラス変換は, 特に定数係数の線形微分方程式のときに有用な方法であるが, 係数が変数の場合は, ここで説明するべき級数による解法が有用である. これは, 微分方程式の解 y が点 $x = \alpha$ で**解析的**であること, すなわち

$$y = \sum_{n=0}^{\infty} c_n(x - \alpha)^n$$
$$= c_0 + c_1(x - \alpha) + c_2(x - \alpha)^2 + \cdots + c_n(x - \alpha)^n + \cdots$$

の形の無限級数（**べき級数**という）で表されることを仮定し，これを方程式に代入して得られる関係式から，係数 c_n を定めていく方法である．べき級数で表された方程式の解を**べき級数解**という．与えられた方程式にべき級数解が存在するかが問題となるが，n 階線形微分方程式

$$y^{(n)} + a_{n-1}(x)y^{(n-1)} + \cdots + a_1(x)y' + a_0(x)y = f(x) \qquad (8.2.1)$$

の場合は，$a_{n-1}(x), \ldots, a_1(x), a_0(x), f(x)$ が $x = \alpha$ で解析的であれば y は $x = \alpha$ で解析的であることが知られている（**コーシーの存在定理**）．また，方程式において $t = x - \alpha$ と変数変換すれば解析的な点を原点に移動することができるので，$\alpha = 0$ として考えても一般性を失わない．そこで以下では $\alpha = 0$ として考える．

8.2.1 原点で解析的である場合の解法

$|x| < R$ ならばべき級数が収束し，$|x| > R$ ならばべき級数が収束しないとき，このしきい値 R を**収束半径**という（任意の x で収束する場合は $R = \infty$ とする）．収束半径の範囲内（$|x| < R$）では，べき級数で表された関数 $y = c_0 + c_1 x + c_2 x^2 + \cdots + c_n x^n + \cdots$ は

$$y' = (c_0)' + (c_1 x)' + (c_2 x^2)' + \cdots + (c_n x^n)' + \cdots$$
$$= 0 + c_1 + 2c_2 x + \cdots + nc_n x^{n-1} + \cdots$$

のように項別に微分ができることを用いると，次のように微分方程式の解をべき級数を用いて求めることができる．

例題 8.2.1 次の微分方程式のべき級数解を求めよ．

$$y' = -2xy$$

[解答] $y = c_0 + c_1 x + c_2 x^2 + \cdots + c_n x^n + \cdots$ とおいて与えられた方程式に代入すると，左辺は

$$y' = c_1 + 2c_2 x + \cdots + nc_n x^{n-1} + (n+1)c_{n+1} x^n + \cdots$$

となり，右辺は

$$-2xy = -2c_0 x - 2c_1 x^2 - \cdots - 2c_{n-2}x^{n-1} - 2c_{n-1}x^n - \cdots$$

となるので，係数比較により，

$$c_1 = 0, \quad nc_n = -2c_{n-2} \quad (n \geqq 2)$$

が成り立たなければならない．これらの式より，$n = 2k+1$ ($k = 0, 1, 2, \ldots$) の場合は $c_n = 0$ であり，$n = 2k$ の場合は関係式 $(2k)c_{2k} = -2c_{2(k-1)}$ から

$$c_{2k} = \frac{(-1)}{k}c_{2(k-1)} = \frac{(-1)^2}{k(k-1)}c_{2(k-2)} = \cdots = \frac{(-1)^k}{k!}c_0$$

と表されることがわかる．よって求める解は，c_0 を任意定数として

$$y = c_0 \sum_{k=0}^{\infty} \frac{(-1)^k}{k!}x^{2k}$$

である．   ■

この例題の微分方程式 $y' = -2xy$ は，1 階線形微分方程式（または変数分離形）とみなして求積法により解くことができ，一般解は c_0 を任意定数として $y = c_0 e^{-x^2}$ と表せる．解の一意性（定理 5.1.1）より，この求積法で得られた解は上記の解法で得られたべき級数解と一致する．実際に，$c_0 e^{-x^2}$ を $x = 0$ でテイラー展開することによって得られたべき級数は例題 8.2.1 で得たべき級数解に一致する．ただし，一般にはこのようにべき級数解を既知の関数で表せるとは限らない．特に応用で重要な微分方程式の場合，微分方程式の解を特殊関数として新たに導入する場合もある．次のエアリーの微分方程式はその一つである．

例題 8.2.2（エアリーの微分方程式） 次の微分方程式のべき級数解を求めよ．

$$y'' = xy$$

[解答] $y = c_0 + c_1 x + c_2 x^2 + \cdots + c_n x^n + \cdots$ とおいて与えられた方程式に代入すると，左辺は

$$y'' = 1 \cdot 2c_2 + 2 \cdot 3c_3 x + \cdots + (n-1)nc_n x^{n-2} + n(n+1)c_{n+1}x^{n-1} + \cdots$$

となり，右辺は

$$xy = c_0 x + c_1 x^2 + \cdots + c_{n-3}x^{n-2} + c_{n-2}x^{n-1} + \cdots$$

となるので，係数比較により，

$$c_2 = 0, \quad c_{n-3} = (n-1)nc_n \quad (n \geqq 3)$$

が成り立たなければならない. これらの式より, $n = 3k + 2$ $(k = 1, 2, \ldots)$ の場合は $c_n = 0$ であり, $n = 3k$ の場合は, 関係式 $c_{3(k-1)} = (3k-1)(3k)c_{3k}$ から

$$
\begin{aligned}
c_{3k} &= \frac{1}{(3k)(3k-1)}c_{3(k-1)} = \frac{3k-2}{(3k)(3k-1)(3k-2)}c_{3(k-1)} \\
&= \frac{(3k-2)(3k-5)}{(3k)(3k-1)(3k-2)(3k-3)(3k-4)(3k-5)}c_{3(k-2)} = \cdots \\
&= \frac{(3k-2)(3k-5)\cdots 4 \cdot 1}{(3k)!}c_0 \\
&= \frac{(3k+1)(3k-2)(3k-5)\cdots 4 \cdot 1}{(3k+1)!}c_0
\end{aligned}
$$

と表され, $n = 3k + 1$ の場合は, 関係式 $c_{3(k-1)+1} = (3k)(3k+1)c_{3k+1}$ から

$$
\begin{aligned}
c_{3k+1} &= \frac{1}{(3k+1)(3k)}c_{3(k-1)+1} = \frac{3k-1}{(3k+1)(3k)(3k-1)}c_{3(k-1)+1} \\
&= \frac{(3k-1)(3k-4)}{(3k+1)(3k)(3k-1)(3k-2)(3k-3)(3k-4)}c_{3(k-2)+1} = \cdots \\
&= \frac{(3k-1)(3k-4)\cdots 5 \cdot 2}{(3k+1)!}c_1 \\
&= \frac{(3k+2)(3k-1)(3k-4)\cdots 5 \cdot 2}{(3k+2)!}c_1
\end{aligned}
$$

と表されることがわかる. よって求める解は, c_0 と c_1 を任意定数として

$$
\begin{aligned}
y = {} &c_0 \sum_{k=0}^{\infty} \frac{(3k+1)(3k-2)\cdots 4 \cdot 1}{(3k+1)!}x^{3k} \\
&+ c_1 \sum_{k=0}^{\infty} \frac{(3k+2)(3k-1)\cdots 5 \cdot 2}{(3k+2)!}x^{3k+1}
\end{aligned}
$$

である. ∎

エアリーの微分方程式 $y'' = xy$ の解のうち, 初期条件として

$$y(0) = \frac{1}{3^{\frac{2}{3}}\Gamma\left(\frac{2}{3}\right)}, \quad y'(0) = -\frac{1}{3^{\frac{1}{3}}\Gamma\left(\frac{1}{3}\right)}$$

を満たす関数が**第一種エアリー関数** $\mathrm{Ai}(x)$ として定義されており, また,

$$y(0) = \frac{1}{3^{\frac{1}{6}}\,\Gamma\left(\frac{2}{3}\right)}, \quad y'(0) = \frac{3^{\frac{1}{6}}}{\Gamma\left(\frac{1}{3}\right)}$$

を満たす関数が**第二種エアリー関数** $\mathrm{Bi}(x)$ として定義されている．ただし，$\Gamma(x)$ は $\Gamma(x) = \displaystyle\int_0^\infty t^{x-1}e^{-t}\,dt$ で定義されるガンマ関数である．ガンマ関数を用いると，例題 8.2.2 の一般解は

$$y = c_0 \sum_{k=0}^\infty \frac{3^k\,\Gamma\left(k+\frac{1}{3}\right)}{(3k)!\,\Gamma\left(\frac{1}{3}\right)} x^{3k} + c_1 \sum_{k=0}^\infty \frac{3^k\,\Gamma\left(k+\frac{2}{3}\right)}{(3k+1)!\,\Gamma\left(\frac{2}{3}\right)} x^{3k+1}$$

と表すことができる．

これまではべき級数解の基本解はすべて無限和であったが，基本解が有限和（多項式）となる場合もある．**エルミートの微分方程式**

$$y'' - 2xy' + 2ny = 0 \quad (n = 0,\, 1,\, 2,\, \dots)$$

はその例の一つである．$n = 1$ の場合は次のようになる．

例題 8.2.3 次の微分方程式のべき級数解を求めよ．

$$y'' - 2xy' + 2y = 0$$

[解答] $y = c_0 + c_1 x + c_2 x^2 + \cdots + c_n x^n + \cdots$ とおいて与えらえた方程式に代入すると，左辺は

$$
\begin{aligned}
&y'' - 2xy' + 2y \\
&= \left\{ 1\cdot 2c_2 + 2\cdot 3c_3 x + 3\cdot 4c_4 x^2 + \cdots + (n-1)nc_n x^{n-2} + \cdots \right\} \\
&\quad - 2\left\{ c_1 x + 2c_2 x^2 + 3c_3 x^3 + \cdots + (n-2)c_{n-2} x^{n-2} + \cdots \right\} \\
&\quad + 2\left\{ c_0 + c_1 x + c_2 x^2 + \cdots + c_{n-2} x^{n-2} + \cdots \right\} \\
&= (1\cdot 2c_2 + 2c_0) + (2\cdot 3c_3 + 0\cdot c_1)x + (3\cdot 4c_4 - 2c_2)x^2 + \cdots \\
&\quad + \left\{ (n-1)nc_n + (-2n+6)c_{n-2} \right\} x^{n-2} + \cdots
\end{aligned}
$$

となる．これが右辺の 0 と恒等的に等しくなるためには，係数比較により

$$(n-1)nc_n + (-2n+6)c_{n-2} = 0 \quad (n \geqq 2)$$

が成り立たなければならない．この式より，$n = 3$ のとき $c_3 = 0$ となることに注意すると，$n = 2k+1$ $(k = 1,\, 2,\, \dots)$ の場合は $c_n = 0$ である．$n = 2k$ の場合は，関係式 $(2k-1)(2k)c_{2k} = 2(2k-3)c_{2(k-1)}$ から，いった

ん $b_k = (2k-1)c_{2k}$ とおくと $(2k)b_k = 2b_{k-1}$ が成り立つので,

$$b_k = \frac{1}{k}b_{k-1} = \frac{1}{k(k-1)}b_{k-2} = \cdots = \frac{1}{k!}b_0$$

より,

$$c_{2k} = \frac{1}{(2k-1)k!}(-c_0)$$

と表せることがわかる. よって求めるべき級数解は, c_0 と c_1 を任意定数として

$$y = c_1 x - c_0 \sum_{k=0}^{\infty} \frac{1}{(2k-1)k!}x^{2k}$$

である. ■

この例題 8.2.3 でみたように, $n=1$ の場合のエルミートの微分方程式においては, 1 次多項式である x が基本解の 1 つになっている (もう 1 つは無限和である[2]). 一般の n については,

$$H_n(x) = (-1)^n e^{x^2} \frac{d^n}{dx^n} e^{-x^2} = n! \sum_{k=0}^{\lfloor \frac{n}{2} \rfloor} \frac{(-1)^k}{k!(n-2k)!}(2x)^{n-2k}$$

と表される n 次多項式 $H_n(x)$ がエルミートの微分方程式の基本解となることが知られている. ただし $\lfloor x \rfloor$ は床関数 (ガウス記号) で, x 以下の最大の整数を表す.

他にも**ルジャンドルの微分方程式**

$$(1-x^2)y'' - 2xy' + n(n+1)y = 0 \quad (n = 0, 1, 2, \dots)$$

の場合は,

$$P_n(x) = \frac{1}{2^n n!} \frac{d^n}{dx^n}(x^2-1)^n = \frac{1}{2^n} \sum_{k=0}^{\lfloor \frac{n}{2} \rfloor} (-1)^k \frac{(2n-2k)!}{k!(n-k)!(n-2k)!}x^{n-2k}$$

と表される n 次多項式 $P_n(x)$ が基本解である 2 つの解のうちの 1 つとなることが知られている.

これまであげた微分方程式はすべて斉次であったが, 非斉次の場合もまったく同様にべき級数を代入することで解くことができる. また特殊解がわかる場合は, その特殊解と斉次方程式の一般解の和をとることで解を求めてもよい.

---

[2] 2 階線形微分方程式なので, 基本解は 2 つの 1 次独立な解である.

8.2.2　原点で解析的でない場合の解法

8.2.1 項で例にあげた微分方程式では，すべての解が原点 $x = 0$ で解析的であり，べき級数は $y = c_0 + c_1 x + \cdots + c_n x^n + \cdots$ の形で表すことができた．これは式 (8.2.1) でいう係数関数 $a_{n-1}(x), \ldots, a_1(x), a_0(x)$ および右辺の関数 $f(x)$ のすべてが原点で解析的であることによる．もしこれらの関数のうち 1 つでも原点で解析的でないものがある場合は，解は原点で解析的とは限らない．解析的でない点を**特異点**という．原点が特異点である場合でも，すべての係数関数や右辺の関数が原点以外の点 $x = \alpha$ で解析的であれば，すでに述べたとおり，$t = x - \alpha$ と変数変換して解析的な点を原点にずらすことで $y = c_0 + c_1 t + \cdots + c_n t^n + \cdots$ の形で解くことができる．

ただし，原点 $x = 0$ で解析的でない係数関数 $a_i(x)$ がある場合でも，x^{n-i} をかけた $x^{n-i} a_i(x)$ が $i = 0, 1, \ldots, n - 1$ のすべてで解析的になるような斉次 n 階線形微分方程式の場合は，原点は特異点ではあるが，特異点のなかでも**確定特異点**という特別なものであり，このとき

$$y = x^r (c_0 + c_1 x + \cdots + c_n x^n + \cdots)$$

の形に表される解が存在することが知られている（**フロベニウスの定理**）．ここで r は整数とは限らない実数であり，べき級数の拡張の形といえる．例えば**オイラーの微分方程式**

$$y'' + \frac{a}{x} y' + \frac{b}{x^2} y = 0 \quad (a, b \text{ は定数})$$

や**ベッセルの微分方程式**

$$y'' + \frac{1}{x} y' + \frac{x^2 - \nu^2}{x^2} = 0 \quad (\nu \text{ は非負の定数})$$

においては，原点 $x = 0$ は確定特異点であることがわかる．ただし，この場合の解き方はやや専門的になるため，本書では省略する．

演習問題

8.2.1　次の微分方程式のべき級数解を求めよ．

(1) $y' + 2y = 0$ 　　　(2) $y' + 2y = 2$ 　　　(3) $y' - 2xy = 2x$

(4) $y'' - 4y = 0$ 　　　(5) $y'' + 4y = 0$ 　　　(6) $(1 - x^2)y'' - xy' = 0$

(7) $(1 - x^2)y'' - 2xy' + 2y = 0$ 　　　(8) $y'' + xy' + 2y = 3x$

8.3 数値解法 ———————————————

これまで微分方程式のさまざまな解法を述べてきたが，一般には微分方程式の解は数学的に厳密な解（**解析解**）として求められるとは限らない．ただし，正確な解が求まらなくても，近似的な解が得られれば実用的には十分なことが多い．数値的に（主にコンピュータを用いて）近似解を求める方法を**数値解法**という．ここでは，連立 1 階微分方程式の初期値問題

$$\boldsymbol{y}' = \boldsymbol{f}(x, \boldsymbol{y}), \tag{8.3.1}$$
$$\boldsymbol{y}(0) = \boldsymbol{u}_0$$

に対する数値解法について説明する．

基本方針は，変数 x を原点から $x = h$, $x = 2h$, $x = 3h$, ... のようにある刻み幅 h で進めていき，$\boldsymbol{y}(h), \boldsymbol{y}(2h), \boldsymbol{y}(3h), \ldots$ の近似値を順次求めていくことである．これは離散点であり，その間の点は何らかの方法で補間する（単純には折れ線でつなぐ）．n 回進めたときの x の値を $x_n = nh$ とし，$\boldsymbol{y}(x_n)$ の近似値を $\boldsymbol{u}_n$ と表すことにする．微分方程式 (8.3.1) の両辺を $x = x_n$ から $x = x_{n+1}$ まで積分すると，$\left[\boldsymbol{y}\right]_{x_n}^{x_{n+1}} = \int_{x_n}^{x_{n+1}} \boldsymbol{f}(x, \boldsymbol{y})\,dx$ より，

$$\boldsymbol{y}(x_{n+1}) = \boldsymbol{y}(x_n) + \int_{x_n}^{x_{n+1}} \boldsymbol{f}(x, \boldsymbol{y})\,dx \tag{8.3.2}$$

が得られる．$\boldsymbol{y}(x_n)$ を近似値 $\boldsymbol{u}_n$ で置き換え，さらにこの右辺の第 2 項の積分を適当に近似することで，$\boldsymbol{y}(x_{n+1})$ の近似値 $\boldsymbol{u}_{n+1}$ を得ることができる．十分に刻み幅 h を小さくして計算すれば，精度の良い近似値が得られると期待される．以下，この考えに基づく具体的な数値解法をいくつか説明する．

8.3.1 数値解法の導出

（1） オイラー法

式 (8.3.2) の第 2 項のもっとも単純な近似は，積分区間 $[x_n, x_{n+1}]$ でほぼ $\boldsymbol{f}(x, \boldsymbol{y})$ が一定であると考えることである．$\boldsymbol{f}_n = \boldsymbol{f}(x_n, \boldsymbol{u}_n)$ と表すことにし，$\boldsymbol{f}(x, \boldsymbol{y}) \approx \boldsymbol{f}_n$ と近似すると，計算式は

$$\boldsymbol{u}_{n+1} = \boldsymbol{u}_n + h\boldsymbol{f}_n$$

となる．この計算式による数値解法を**オイラー法**という．

（**2**） ホ イ ン 法

オイラー法は単純で実装も簡単であるが，満足する精度が得られないことも
しばしばある．これは式 (8.3.2) の第 2 項の積分の近似精度が悪いからである．
そこで，積分を台形の面積で

$$\int_{x_n}^{x_{n+1}} \boldsymbol{f}(x, \boldsymbol{y})\, dx \approx h\frac{\boldsymbol{f}_n + \boldsymbol{f}_{n+1}}{2}$$

と近似することを考える．ただし $\boldsymbol{u}_{n+1}$ はまだ計算されていない値であるので，
$\boldsymbol{f}_{n+1} = \boldsymbol{f}(x_{n+1}, \boldsymbol{u}_{n+1})$ は単純には計算できない．そこでオイラー法で求めた
近似値を用いて $\widehat{\boldsymbol{f}}_{n+1} = \boldsymbol{f}(x_{n+1}, \boldsymbol{u}_n + h\boldsymbol{f}_n)$ で代用することにすると，

$$\boldsymbol{u}_{n+1} = \boldsymbol{u}_n + h\frac{\boldsymbol{f}_n + \widehat{\boldsymbol{f}}_{n+1}}{2}$$

という計算式が得られる．この計算式による数値解法を**ホイン法**という．

（**3**） 古典的ルンゲ・クッタ法

ホイン法は積分を台形の面積で近似したが，これは関数 $\boldsymbol{f}(x, \boldsymbol{y})$ を端点を結
ぶ直線で近似して面積を求めていることを意味する．それに対し，関数を端点
および中央の点を通る 2 次関数で近似して面積を求める方法を**シンプソン則**と
いう．シンプソン則に基づけば，式 (8.3.2) の第 2 項の積分は

$$\int_{x_n}^{x_{n+1}} \boldsymbol{f}(x, \boldsymbol{y})\, dx \approx h\frac{\boldsymbol{f}_n + 4\boldsymbol{f}_{n+\frac{1}{2}} + \boldsymbol{f}_{n+1}}{6}$$

のように近似できる．ただし，やはり $\boldsymbol{f}_{n+\frac{1}{2}}$ や $\boldsymbol{f}_{n+1}$ は単純には計算できない
ので，何らかの方法でさらに近似する必要がある．$\boldsymbol{f}_{n+\frac{1}{2}}$ に対しては

$$\widehat{\boldsymbol{f}}_{n+\frac{1}{2}}^{(1)} = \boldsymbol{f}\left(x_n + \frac{h}{2},\ \boldsymbol{u}_n + \frac{h}{2}\boldsymbol{f}_n\right),$$

$$\widehat{\boldsymbol{f}}_{n+\frac{1}{2}}^{(2)} = \boldsymbol{f}\left(x_n + \frac{h}{2},\ \boldsymbol{u}_n + \frac{h}{2}\widehat{\boldsymbol{f}}_{n+\frac{1}{2}}^{(1)}\right)$$

とオイラー法（刻み幅は半分）による近似値での代用を 2 段階に分けて考え，
また $\boldsymbol{f}_{n+1}$ に対しては

$$\widehat{\boldsymbol{f}}_{n+1}^{(3)} = \boldsymbol{f}\left(x_{n+1},\ \boldsymbol{u}_n + h\widehat{\boldsymbol{f}}_{n+\frac{1}{2}}^{(2)}\right)$$

と，やはりオイラー法に基づく近似値で代用することで，

$$\boldsymbol{u}_{n+1} = \boldsymbol{u}_n + \frac{h}{6}\left(\boldsymbol{f}_n + 2\widehat{\boldsymbol{f}}_{n+\frac{1}{2}}^{(1)} + 2\widehat{\boldsymbol{f}}_{n+\frac{1}{2}}^{(2)} + \widehat{\boldsymbol{f}}_{n+1}^{(3)}\right)$$

という計算式が得られる．この計算式による数値解法を**古典的ルンゲ・クッタ**
法という．単にルンゲ・クッタ法とよばれることもある．

（4）　陰的中点法

　オイラー法では，積分区間 $[x_n, x_{n+1}]$ でほぼ $\boldsymbol{f}(x, \boldsymbol{y})$ が一定であるとする
際，その一定値に $\boldsymbol{f}(x, \boldsymbol{y}) \approx \boldsymbol{f}(x_n, \boldsymbol{u}_n)$ と区間の左端の値を選んだ．この一
定値に，積分区間の左端でも右端でもなく中央の値を選ぶことにすれば，より
良い精度になると期待される．このとき，$\boldsymbol{u}_{n+1}$ と $\boldsymbol{u}_n$ の関係式は

$$\boldsymbol{u}_{n+1} = \boldsymbol{u}_n + h\boldsymbol{f}\left(x_n + \frac{h}{2}, \frac{\boldsymbol{u}_n + \boldsymbol{u}_{n+1}}{2}\right)$$

となる．この関係式による数値解法を**陰的中点法**という．この関係式は左辺に
も右辺にも未知である $\boldsymbol{u}_{n+1}$ が入っているので，$\boldsymbol{u}_{n+1}$ に関する方程式になっ
ている．この方程式を解いて $\boldsymbol{u}_{n+1}$ を求める必要がある．

　陰的中点法のように，次のベクトルを求める際に方程式を解く必要がある数
値解法を総称して**陰的解法**という．そのような必要がない数値解法を総称して
陽的解法という．以前に説明したオイラー法，ホイン法，古典的ルンゲ・クッ
タ法はすべて陽的解法である．陽的解法は実装が容易であるが，数値的に解き
にくい問題（**硬い問題**という）に対しては満足な結果が得られにくいという欠
点がある．

8.3.2　数値解法の具体的な適用例

　次に，具体的な問題に対して，実際に数値解法を適用してみよう．

○例 8.3.1　ロトカ・ヴォルテラの方程式の初期値問題

$$\begin{cases} y_1' = (a - by_2)y_1, \quad y_1(0) = 1, \\ y_2' = (cy_1 - d)y_2, \quad y_2(0) = 1 \end{cases} \tag{8.3.3}$$

において，$a = c = 1, b = d = 2$ としたものを考える．この問題に対して，刻
み幅を $h = 2^{-3}$ として各種の数値解法を適用した結果が図 8.1 である．ロト
カ・ヴォルテラの方程式の解 y_1 と y_2 は

$$H(y_1, y_2) = cy_1 + by_2 - d\log y_1 - a\log y_2$$

が x によらず一定であることが知られているので，その曲線（この初期値では
$H(y_1, y_2) = 3$）も解析解として示してある．どの数値解法も，初期点 $(1, 1)$

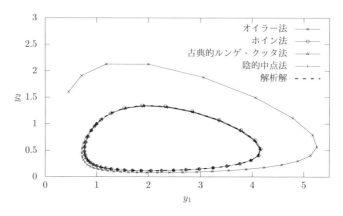

図 8.1 初期値問題 (8.3.3) に対して数値解法を適用した結果

から反時計回りに軌道を描きながら進む. ホイン法, 古典的ルンゲ・クッタ法, 陰的中点法のいずれも, 解析解と同じく (ほぼ) 初期点に戻るように周期軌道を描いているが, オイラー法は初期点に戻らず軌道が広がってしまっている. また, ホイン法は少し解析解とずれている箇所が見受けられるが, 古典的ルンゲ・クッタ法と陰的中点法はほぼ解析解と同じ軌道を描いている.

　この例ではそれほど陰的解法の利点が感じられないが, 次の例はやや硬い問題になっており, 陽的解法があまりうまく動かない.

○例 **8.3.2**　次の初期値問題

$$
\begin{cases}
y_1' = -(\kappa+1)y_1 + \kappa y_2 + (\kappa+1)\cos x - \sin x, & y_1(0) = 2, \\
y_2' = y_1 - 2y_2 - \cos x, & y_2(0) = 1
\end{cases}
\tag{8.3.4}
$$

において, $\kappa = 21$ としたものを考える. この問題に対して, 刻み幅を $h = 2^{-3}$ として各種の数値解法を適用した結果が図 8.2 である. この初期値問題の解は $y_1(x) = e^{-x} + \cos x,\, y_2(x) = e^{-x}$ であるので, その曲線も解析解として示してある. この問題に対しては, 陽的解法は解析解と比べて満足できる結果が得られていないが, 陰的解法はほぼ解析解と重なった結果が得られていることがわかる. 陽的解法で満足できる結果を得るためには, 刻み幅 h をより小さくして計算する必要がある.

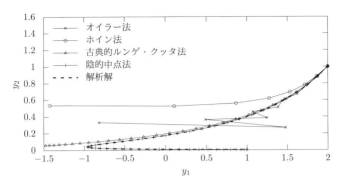

図 **8.2** 初期値問題 (8.3.4) に対して数値解法を適用した結果

　問題 (8.3.4) において，κ を大きくするとさらに問題が数値的に解きにくくなり，陽的解法がほとんどまともに動かない．それに対し，陰的解法では $\kappa = 1000$ のように大きくしても同じ刻み幅で計算が破綻せずに進行する．このような硬い問題は応用にもしばしば現れ（例えば，物理におけるファン・デル・ポール方程式で摩擦係数が大きい場合や，化学におけるロバートソン反応など），陽的解法ではかなり刻み幅を小さくしないとうまく計算が進行しないことが知られている．

　以上の例でみたように，どの数値解法がふさわしいかは問題による．与えられた問題に対し，1 つの数値解法を単一の刻み幅のみで実行して満足するのは危険であり，可能ならばいくつかの数値解法を刻み幅を変えて試してみるとよい．

演習問題

8.3.1 初期値問題 $y' = y$, $y(0) = 1$ をさまざまな数値解法で解け．横軸を x，縦軸を y として解析解とともに表示し，結果を考察せよ．

8.3.2 初期値問題 $y' = -\kappa(y + \cos x) + \sin x$, $y(0) = 0$ を，$\kappa = 5$ と $\kappa = 30$ のときにさまざまな数値解法で解け．横軸を x，縦軸を y として解析解とともに表示し，結果を考察せよ．

8.3.3 初期値問題 (8.3.4) を，$\kappa = 5$ と $\kappa = 30$ のときにさまざまな数値解法で解け．横軸を y_1，縦軸を y_2 として解析解とともに表示し，結果を考察せよ．

A
アダプティブオンライン演習
「愛あるって」

A.1 「愛あるって」の理論的背景

本書に付随したアダプティブオンライン演習「愛あるって」は，**項目反応理論**（Item Response Theory といい，IRT という略語を用いる）を背景とした新しい評価法を用いている．これまでの評価法では，各問題にはあらかじめ配点が与えられ，それぞれの問題の得点を合計した総得点が評価値であった．同じ試験を多くの人に課せば全員の総得点が得られる．そこから平均や標準偏差を算出すれば，自分の相対的な評価値を偏差値という形で求めることができる．しかし，問題の配点を変えれば総得点が違ってくる場合がある．配点によって評価値が変わるのは公正な評価法とはいえないかもしれない．そこで，各受験者の評価値に加えて問題の難易度も同時に求めながら，公正で公平な評価法が提案された．これが IRT による評価法である．この理論は，これまでに TOEFL など多くの公的な場面で適用されている．本書では，この評価法を用いた演習をオンラインで行うことができる．

IRT では，各問題 j に対する受験者 i の評価確率 $P_j(\theta_i; a_j, b_j, c_j)$ がロジスティック分布，すなわち，

$$P_j(\theta_i; a_j, b_j, c_j) = c_j + \frac{1}{1 + \exp\{-1.7a_j(\theta_i - b_j)\}} \tag{A.1}$$

に従っていると仮定する．a_j, b_j, c_j は，それぞれ問題 j の識別力（簡単にいうと，問題の良し悪しを表す），困難度（文字どおり，問題の難易度を表す），当て推量（偶然に正答する確率を表す），θ_i は受験者 i の学習習熟度（ability）を表している．数値 1.7 は分布が標準正規分布に近くなるように調整された定数である．受験者 $i = 1, 2, \ldots, N$ が項目 $j = 1, 2, \ldots, n$ に対して取り組んだ

結果，その解答が正答なら $\delta_{i,j} = 1$，誤答なら $\delta_{i,j} = 0$ と書き表すと，すべての受験者がすべての問題に挑戦した結果（これを**反応パターン**という）の確率は，独立事象を仮定すれば，$c_j = 0$ と仮定した場合，

$$L = \prod_{i=1}^{N} \prod_{j=1}^{n} P_j(\theta_i; a_j, b_j)^{\delta_{i,j}} (1 - P_j(\theta_i; a_j, b_j))^{1-\delta_{i,j}} \quad (A.2)$$

と表される．これを**尤度関数**という．図 A.1 に，IRT による評価の過程のイメージを示す．

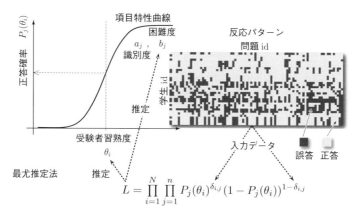

図 **A.1** 項目反応理論（IRT）による評価の過程

　誤答 0 と正答 1 からなる $\delta_{i,j}$ を式 (A.2) の尤度関数 L に代入し，それを最大にするような a_j, b_j, θ_i を同時に求めるのが IRT による評価法である．

　ここで，なぜ古典的な評価法ではなく IRT を使った評価法が適切なのかについて考えてみる．いま，A，B 両君が 13 問の数学問題に挑戦し，$\delta_{i,j}$ の値が問題順に，

　　A　1111110001011

　　B　1011110011011

であったとする．2 問目と 9 問目で正誤が入れ替わっているだけで他は同じ解答パターンなので，正答率はどちらも同じ値 0.69 となる．しかし，A，B 以外の受験者も加えて IRT を使って問題の難易度 b_j を計算してみると，2 問目では 2.3，9 問目では 1.2 なので，2 問目を正答した A 君のほうが学習習熟度が高いと考えるのが自然であると思われる．実際，A，B 両君の ability（習熟度

を表す指標で θ_i のこと）を求めてみると，それぞれ 1.70，1.56 である．IRT は自然な配点を自動的に行っていることがわかる．この例は，IRT のほうがよりふさわしい学習習熟度の評価値を与えていることを示唆している．

このオンライン演習では，問題の出題時には問題の難易度はすでに与えられている．受験者には，まず平均的なレベルの問題が与えられる．その問題が解けると少し難しい問題が与えられる．解けなければもう少しやさしい問題になる．このようにいくつかの問題を解いていくうちに自分の習熟度レベルと問題のレベルとが段々一致してくる．何問か解いた時点で最終的な評価点を出す．これを**アダプティブオンラインテスティング**という．

アダプティブオンラインテスティングでは，困難度はあらかじめ与えられているので未知数は θ_i だけと少なくなり，したがって，習熟度を推定する計算する手間は IRT よりも簡単になる．ただし，ときおり行う難易度の調整の計算は通常の IRT よりも計算の手間は大きくなる．図 A.2 に，アダプティブオンラインテスティングでの推定過程のイメージを示す．

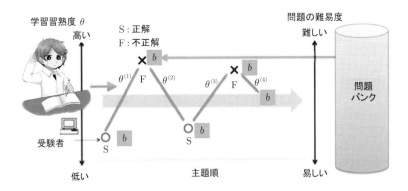

図 **A.2** アダプティブオンラインテスティングでの推定過程

A.2　「愛あるって」の使い方

A.2.1　初期登録手続き

「愛あるって」では，初期登録を行った後，問題を解答するシステムになっている．

初期登録は以下の手順に従って行う．

(1) 培風館のホームページ

　　　　http://www.baifukan.co.jp/shoseki/kanren.html

にアクセスし，本書の「愛あるって」をクリックする．

(2) システムにアクセスすると，ログイン ID とパスワードが求められる．

(3) すでにログイン ID を持っているユーザは登録されたユーザ ID とパスワードを入力してログインする．まだ登録していない場合，

　　　「ユーザ ID をお持ちでない方は コチラ」

をクリックする．その後，ユーザ ID，ログイン ID，パスワードを入力する．「登録」ボタンを押すと登録が完了する．

A.2.2　実際の利用法

(1) 本登録後にシステムにログインすると，受験トップ画面が現れるので，図 A.3 のように演習を行いたい章を選択し「開始」ボタンを押す．

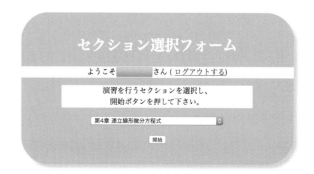

図 **A.3**　演習を行いたい章を選択

(2) 開始されると図 A.4 のような問題画面が表示されるので，問題をよく読み，各問に対応した選択肢から，正解だと思うものを選んでクリックする．解き終えたら「解答して次へ」のボタンを押す．最後の問題を解き終えた場合は「解答して終了」ボタンを押す．

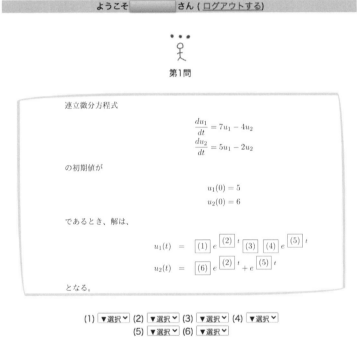

出題中

ようこそ　　　　さん (ログアウトする)

第1問

連立微分方程式

$$\frac{du_1}{dt} = 7u_1 - 4u_2$$
$$\frac{du_2}{dt} = 5u_1 - 2u_2$$

の初期値が

$$u_1(0) = 5$$
$$u_2(0) = 6$$

であるとき、解は、

$$u_1(t) = \boxed{(1)}\, e^{\boxed{(2)}\, t}\, \boxed{(3)}\, \boxed{(4)}\, e^{\boxed{(5)}\, t}$$
$$u_2(t) = \boxed{(6)}\, e^{\boxed{(2)}\, t} + e^{\boxed{(5)}\, t}$$

となる。

(1) ▼選択✓ (2) ▼選択✓ (3) ▼選択✓ (4) ▼選択✓
(5) ▼選択✓ (6) ▼選択✓

回答して次へ

図 **A.4** 第 1 問目

(3) 問題を解き終えると図 A.5 のような画面が表示され，各問題を解くごとに
推定されたあなたの習熟度がグラフ化される．「成績一覧」では，過去の習
熟度の変化や全体におけるあなたのランク (S，A，B，C，D の 5 段階評
価) をグラフで見ることができる．

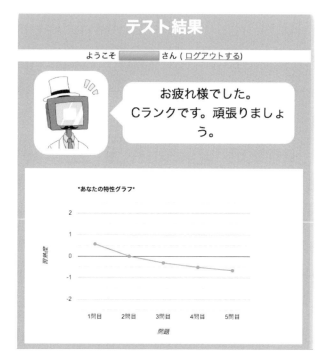

図 **A.5**　習熟度の変化と 5 段階評価

その下には，図 A.6 のような画面が表示され，問題番号をクリックすれば
正答と解説が表示される．

「印刷する」ボタンをクリックすると受験した内容を pdf に出力した後，印
刷することができる．

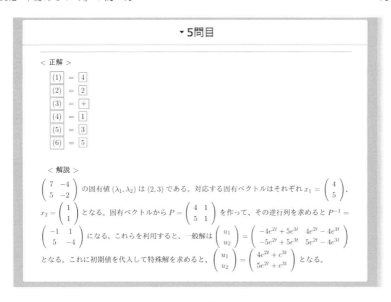

図 **A.6** 解説画面

また，リーダーボード（図 A.7）には自分と上位 10 人の「愛ポイント」が掲載されている．

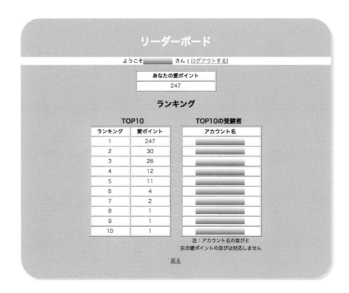

図 **A.7** リーダーボード

演習問題略解

解答の詳細な解説や証明問題などの解答を略したものについては，Web にて，その解答を公開している．

以下において，C, C_0, C_1, C_2, C_3 などは任意定数を表す．

第 2 章

2.1.1 (1) $y = \dfrac{1}{\log|x| + C}$，および $y = 0$ (2) $y = 1 + Ce^{\frac{1}{2}x^2 + 2x}$

(3) $y = \log\{(x-1)e^x + C\}$

(4) $y = \sin^{-1}(Ce^x) + 2n\pi$，および $y = (2n+1)\pi - \sin^{-1}(Ce^x)$（$n$ は任意の整数）（あるいは関係式 $\sin y = Ce^x$ が定める陰関数としてもよい．）

2.1.2 $u = ax + by + c$ より $\dfrac{du}{dx} = a + b\dfrac{dy}{dx}$ が成り立つ．このとき，仮定より $\dfrac{du}{dx} = a + bf(u)$ が得られ，これは u に関する変数分離形である．

微分方程式 $\dfrac{dy}{dx} = (x+y)^2$ について $u = x+y$ とおくと，$\dfrac{du}{dx} = 1 + u^2$ となる．これを解いて，$u = \tan(x+C)$（C は積分定数）．したがって $y = \tan(x+C) - x$．

2.1.3 $y = \dfrac{k}{1 + (k-1)e^{-kt}}$

2.1.4 $y = \dfrac{1}{\sqrt{2e^{-2t} - 1}}$（ただし $-\infty < t < \log\sqrt{2}$）

2.1.5 (1) $v'(t) = -g - kv(t)$

(2) $v(t) = -\dfrac{g}{k} + C_1 e^{-kt}$, $z(t) = C_2 - \dfrac{g}{k}t - \dfrac{C_1}{k}e^{-kt}$

(3) 初期条件より $v(t) = -\dfrac{g}{k}(1 - e^{-kt})$, $z(t) = -\dfrac{g}{k}\left(t + \dfrac{1}{k}e^{-kt}\right)$．グラフは省略．

2.2.1 (1) $y = -\dfrac{x}{\log|x| + C}$，および $y = 0$．

(2) $y = -2x \pm \sqrt{5x^2 + C}$ $(C \neq 0)$，および $y = (-2 \pm \sqrt{5})x$ $(y^2 + 4xy - x^2 = C)$．

(3) $y = \pm\sqrt{Cx + x^2}$ $(C \neq 0)$，および $y = \pm x$ $(x^2 + Cx - y^2 = 0)$．

(4) $y = C \pm \sqrt{C + x^2}$ $(C \neq 0)$，および $y = 0, \pm x$ $(x^2 + Cy - y^2 = 0)$．

2.2.2 $\tan^{-1}\dfrac{y+1}{x-2} - \dfrac{3}{2}\log(x^2 + y^2 - 4x + 2y + 5) = C$

2.3.1 (1) $(2xy)_y = (x^2 + \cos y)_x = 2x$ より完全形. 一般解は $x^2 y + \sin y = C$.

(2) $\left(\log y + \dfrac{1}{x}\right)_y = \left(\dfrac{x}{y} + e^y\right)_x = \dfrac{1}{y}$ より完全形. 一般解は $\log x + x\log y + e^y$
$= C$.

(3) 全微分方程式 $(x + 2y + 1)\,dx + (2x + 4y + 1)\,dy = 0$ に直すと, これは完全形
となる. 一般解は $\dfrac{1}{2}x^2 + 2xy + 2y^2 + x + y = C$.

(4) 全微分方程式 $(x - ye^{xy})\,dx + (-y - xe^{xy})\,dy = 0$ に直すと, これは完全形と
なる. 一般解は $\dfrac{1}{2}x^2 - e^{xy} - \dfrac{1}{2}y^2 = C$.

2.3.2 全微分方程式は積分因子 $M(x, y) = x^{-1}y^{-2}$ をもつことがわかる. これを用い
て全微分方程式を解くと $\dfrac{x}{y} + \log|x| = C$.

2.3.3 (1) 積分因子の条件より, $M(x)$ に関する 1 階微分方程式 $M'(x) = M(x)$ が得
られる. これの特殊解 $M(x) = e^x$ が積分因子である.

(2) (1) の積分因子を用いて全微分方程式を解くと $e^x \sin y + (x-1)e^x = C$.

第 3 章 ─────────────────────────────

3.2.1 (1) $y = \dfrac{C}{\cos x}$　(2) $y = Ce^{-\tan^{-1} x}$　(3) $y = \dfrac{C}{x^2 + 1}$

3.3.1 定数変化法による解法の詳細は省略する. 一般解は $y = \dfrac{C}{\cos x} + \dfrac{1}{2}\sin x \tan x$.

3.3.2 (1) $y = Ce^{-3x} + \dfrac{1}{10}(3\sin x - \cos x)$　(2) $y = Ce^{x^2} + \dfrac{1}{2}$

(3) $y = Ce^{\tan^{-1} x} - 1$　(4) $y = Cx + \dfrac{1}{2}x(\log x)^2$　(5) $y = \dfrac{C}{x^2 + 1} + \dfrac{e^x}{x^2 + 1}$

3.3.3 (1) $y = 3e^{-\sin x} + \sin x - 1$　(2) $y = xe^x - e^x$

3.4.1 (1) $y = \dfrac{1}{Ce^{-2x} - \frac{1}{3}e^x}$　(2) $y^2 = \dfrac{1}{Ce^{2x^2} + \frac{1}{2}}$

(3) $y = \dfrac{1}{Ce^{-\cos x} + 1}$　(4) $y = \left\{Ce^x - \dfrac{1}{2}(x^2 + 2x + 2)\right\}^2$

3.4.2 (1) 省略　(2) $a = 1,\, n = -1$　(3) $y = \dfrac{1}{x} + \dfrac{1}{x(C - \log|x|)}$

第 4 章 ─────────────────────────────

4.1.1 (1) $\begin{pmatrix} y_1'(x) \\ y_2'(x) \end{pmatrix} = \begin{pmatrix} 0 & -1 \\ 1 & 0 \end{pmatrix} \begin{pmatrix} y_1(x) \\ y_2(x) \end{pmatrix}$

(2) $\begin{pmatrix} y_1'(x) \\ y_2'(x) \end{pmatrix} = \begin{pmatrix} 1 & 2 \\ 4 & 5 \end{pmatrix} \begin{pmatrix} y_1(x) \\ y_2(x) \end{pmatrix} + \begin{pmatrix} 3 \\ 6x \end{pmatrix}$

(3) $\begin{pmatrix} y_1'(x) \\ y_2'(x) \end{pmatrix} = \begin{pmatrix} 1 & \sin x \\ 0 & 1 \end{pmatrix} \begin{pmatrix} y_1(x) \\ y_2(x) \end{pmatrix}$

(4) $\begin{pmatrix} y_1'(x) \\ y_2'(x) \\ y_3'(x) \end{pmatrix} = \begin{pmatrix} 0 & 1 & 0 \\ 0 & 0 & 1 \\ 1 & 0 & 0 \end{pmatrix} \begin{pmatrix} y_1(x) \\ y_2(x) \\ y_3(x) \end{pmatrix}$

4.2.1 (1) $\boldsymbol{y} = C_1 e^{3x} \begin{pmatrix} 1 \\ 3 \end{pmatrix} + C_2 e^{2x} \begin{pmatrix} 1 \\ 2 \end{pmatrix}$

(2) $\boldsymbol{y} = R e^x \cos(2x + \theta) \begin{pmatrix} 2 \\ 0 \end{pmatrix} + R e^x \sin(2x + \theta) \begin{pmatrix} 0 \\ 4 \end{pmatrix}$　　（R と θ は任意定数）

(3) $\boldsymbol{y} = C_1 e^{2x} \begin{pmatrix} 1 \\ 0 \end{pmatrix} + C_2 e^{2x} \begin{pmatrix} 0 \\ 1 \end{pmatrix}$

(4) $\boldsymbol{y} = C_1 e^{2x} \begin{pmatrix} 1 \\ 2 \end{pmatrix} + C_2 e^{2x} \left\{ x \begin{pmatrix} 1 \\ 2 \end{pmatrix} + \begin{pmatrix} 0 \\ -1 \end{pmatrix} \right\}$

(5) $\boldsymbol{y} = C_1 e^{4x} \begin{pmatrix} 1 \\ 1 \end{pmatrix} + C_2 e^{-x} \begin{pmatrix} 3 \\ -2 \end{pmatrix}$

(6) $\boldsymbol{y} = R e^{2x} \cos(\sqrt{3}x + \theta) \begin{pmatrix} 2\sqrt{3} \\ 0 \end{pmatrix} + R e^{2x} \sin(\sqrt{3}x + \theta) \begin{pmatrix} 0 \\ 2 \end{pmatrix}$

　　　　（R と θ は任意定数）

4.3.1 (1) $\boldsymbol{y} = C_1 e^{2x} \begin{pmatrix} 1 \\ 0 \\ 1 \end{pmatrix} + C_2 e^x \begin{pmatrix} 1 \\ -1 \\ 2 \end{pmatrix} + C_3 e^{-x} \begin{pmatrix} 1 \\ -1 \\ 0 \end{pmatrix}$

(2) $\boldsymbol{y} = C e^{3x} \begin{pmatrix} 1 \\ -1 \\ 1 \end{pmatrix} + R e^{2x} \cos(x + \theta) \begin{pmatrix} 2 \\ 0 \\ -2 \end{pmatrix} + R e^{2x} \sin(x + \theta) \begin{pmatrix} 0 \\ 2 \\ 0 \end{pmatrix}$

　　　　（R と θ は任意定数）

(3) $\boldsymbol{y} = C_1 e^{5x} \begin{pmatrix} -1 \\ 2 \\ 1 \end{pmatrix} + C_2 e^x \begin{pmatrix} -1 \\ 0 \\ 1 \end{pmatrix} + C_3 e^x \begin{pmatrix} -2 \\ 1 \\ 0 \end{pmatrix}$

(4) $\boldsymbol{y} = C_1 e^{3x} \begin{pmatrix} 1 \\ 0 \\ 0 \end{pmatrix} + C_2 e^{3x} \begin{pmatrix} 0 \\ 1 \\ 0 \end{pmatrix} + C_3 e^{3x} \begin{pmatrix} 0 \\ 0 \\ 1 \end{pmatrix}$

(5) $\boldsymbol{y} = C_1 e^x \begin{pmatrix} 1 \\ 0 \\ 1 \end{pmatrix} + C_2 e^{3x} \begin{pmatrix} 2 \\ -1 \\ 1 \end{pmatrix} + C_3 e^{3x} \left\{ x \begin{pmatrix} 2 \\ -1 \\ 1 \end{pmatrix} + \begin{pmatrix} 0 \\ -1 \\ 0 \end{pmatrix} \right\}$

(6) $\boldsymbol{y} = C_1 e^{2x} \begin{pmatrix} 1 \\ -1 \\ 0 \end{pmatrix} + C_2 e^{2x} \begin{pmatrix} 1 \\ -1 \\ 1 \end{pmatrix} + C_3 e^{2x} \left\{ x \begin{pmatrix} 1 \\ -1 \\ 1 \end{pmatrix} + \begin{pmatrix} 1 \\ 0 \\ 0 \end{pmatrix} \right\}$

(7) $\boldsymbol{y} = C_1 e^{2x} \begin{pmatrix} 1 \\ -1 \\ 1 \end{pmatrix} + C_2 e^{2x} \left\{ x \begin{pmatrix} 1 \\ -1 \\ 1 \end{pmatrix} + \begin{pmatrix} 1 \\ 0 \\ 0 \end{pmatrix} \right\}$

$\qquad + C_3 e^{2x} \left\{ \frac{1}{2} x^2 \begin{pmatrix} 1 \\ -1 \\ 1 \end{pmatrix} + x \begin{pmatrix} 1 \\ 0 \\ 0 \end{pmatrix} + \begin{pmatrix} 0 \\ \frac{1}{2} \\ 0 \end{pmatrix} \right\}$

(8) $\boldsymbol{y} = C_1 \begin{pmatrix} 1 \\ 2 \\ 1 \end{pmatrix} + C_2 e^{2x} \begin{pmatrix} -1 \\ 0 \\ 1 \end{pmatrix} + C_3 e^{3x} \begin{pmatrix} 1 \\ -1 \\ 1 \end{pmatrix}$

4.4.1 (1) $\boldsymbol{y} = C_1 e^x \begin{pmatrix} 1 \\ 0 \end{pmatrix} + C_2 e^x \begin{pmatrix} -\cos x \\ 1 \end{pmatrix}$

(2) $\boldsymbol{y} = C_1 e^{x^2} \begin{pmatrix} 1 \\ 1 \end{pmatrix} + C_2 e^{-x^2} \begin{pmatrix} 1 \\ -1 \end{pmatrix}$

(3) $\boldsymbol{y} = C_1 e^x \begin{pmatrix} 1 \\ 1 \end{pmatrix} + C_2 e^{x(x-1)} \begin{pmatrix} 1 \\ -1 \end{pmatrix}$

4.5.1 (1) $\boldsymbol{y} = C_1 e^x \begin{pmatrix} 4 \\ 1 \end{pmatrix} + C_2 e^{-2x} \begin{pmatrix} 1 \\ 1 \end{pmatrix} + \begin{pmatrix} 9 \\ 5 \end{pmatrix}$

(2) $\boldsymbol{y} = C_1 e^{3x} \begin{pmatrix} 1 \\ 1 \end{pmatrix} + C_2 e^x \begin{pmatrix} -1 \\ 1 \end{pmatrix} + \begin{pmatrix} -x^2 \\ 3x \end{pmatrix}$

(3) $\boldsymbol{y} = C_1 e^{-2x} \begin{pmatrix} 3 \\ 1 \end{pmatrix} + C_2 e^x \begin{pmatrix} 3 \\ 2 \end{pmatrix} + e^{-2x} \begin{pmatrix} -2 \\ -\frac{4}{3} \end{pmatrix} + x e^{-2x} \begin{pmatrix} -3 \\ -1 \end{pmatrix}$

(4) $\boldsymbol{y} = R\cos(x+\theta) \begin{pmatrix} 2 \\ 2 \end{pmatrix} + R\sin(x+\theta) \begin{pmatrix} -2 \\ 0 \end{pmatrix} + \begin{pmatrix} -2 \\ 0 \end{pmatrix}$　　（R と θ は任意定数）

第5章

5.2.1 (1)～(4) は1次独立, (5) は1次従属.

5.2.2 (1) x^3　(2) $e^{2px} q$　(3) $-6e^{2x}$

5.3.1 解であることは代入して確かめればよいので，省略する．それぞれの1次独立

性はそのロンスキアンを計算することでわかる.

5.3.2 (1) $y = \dfrac{3}{2} - \dfrac{1}{2}e^{-x}$ (2) $y = \cos x + 3\sin x$ (3) $y = -2\cos 2x + 2\sin 2x$

(4) $y = e^{-2x} + 2xe^{-2x}$ (5) $y = x^2$

5.3.3 解であることは代入して確かめればよいので, 省略する. それぞれの 1 次独立性のみを示す. (1) はロンスキアン $W = 2e^{3x}$, (2) は $W = 2$ であることより, 1 次独立であることがわかる.

5.3.4 (1) $y = e^x$ (2) $y = 1 - e^{-x}$

5.3.5 (1) e^x, e^{-x}, e^{3x} (2) $W = W\left(e^x, e^{-x}, e^{3x}\right) = -16e^{3x}$ であり, 3 階線形微分方程式であるので, $\left\{e^x, e^{-x}, e^{3x}\right\}$ は基本解となる.

5.3.6 ～5.3.10 省略

5.4.1 (1) $y = C_1 e^{3x} + C_2 e^{-2x}$ (2) $y = C_1 x + C_0$ (3) $y = C_1 + C_2 e^{4x}$

(4) $y = C_1 e^x \cos 3x + C_2 e^x \sin 3x$ (5) $y = C_1 e^{3x} + C_2 x e^{3x}$

(6) $y = C_1 \cos \sqrt{6}x + C_2 \sin \sqrt{6}x$ (7) $y = C_1 e^{\frac{x}{2}} + C_2 e^{2x}$

(8) $y = C_1 e^{\frac{2}{3}x} + C_2 x e^{\frac{2}{3}x}$ (9) $y = C_1 e^x + C_2 e^{-\frac{x}{4}}$

(10) $y = C_1 e^{-\frac{2}{3}x} \cos\left(\dfrac{\sqrt{11}}{3}x\right) + C_2 e^{-\frac{2}{3}x} \sin\left(\dfrac{\sqrt{11}}{3}x\right)$

5.4.2 $R \leqq 3$

5.5.1～5.5.3 省略

5.5.4 (1) $y = C_1 e^{-2x} + C_2 e^{-x} + C_3 e^{2x}$ (2) $y = C_1 e^x + C_2 e^{-2x} + C_3 x e^{-2x}$

(3) $y = C_0 e^{-3x} + C_1 x e^{-3x} + C_2 x^2 e^{-3x}$

(4) $y = C_1 e^x + C_2 e^{-\frac{x}{2}} \cos\left(\dfrac{\sqrt{3}}{2}x\right) + C_3 e^{-\frac{x}{2}} \sin\left(\dfrac{\sqrt{3}}{2}x\right)$

(5) $y = C_1 e^{\frac{x}{2}} + C_2 e^{-x} + C_3 e^{2x}$

(6) $y = C_1 e^x + C_2 e^{-\frac{x}{2}} \cos\left(\dfrac{\sqrt{5}}{2}x\right) + C_3 e^{-\frac{x}{2}} \sin\left(\dfrac{\sqrt{5}}{2}x\right)$

第 6 章

6.1.1 (1) $y = C_1 e^{3x} + C_2 e^{-x} - \dfrac{1}{3}x^2 + \dfrac{4}{9}x - \dfrac{14}{27}$ (2) $y = C_1 e^{3x} + C_2 e^{-x} - \dfrac{x}{2}e^x$

6.1.2 (1) $y = C_1 e^x + C_2 e^{-2x} + C_3 x e^{-2x} - \dfrac{1}{4}x^2 - \dfrac{3}{8}$

(2) $y = C_1 e^x + C_2 e^{-2x} + C_3 x e^{-2x} - \dfrac{x^2}{6}e^{-2x}$

6.1.3 (1) $x^{-2},\ x$ (2) $y = \dfrac{C_1}{x^2} + C_2 x + \dfrac{x^3}{10}$

6.2.1 (1) $y = C_1 e^{6x} + C_2 e^{-x} - \dfrac{x}{6} + \dfrac{5}{36}$ (2) $y = C_1 e^{3x} + C_2 x e^{3x} + \dfrac{1}{6} x^3 e^{3x}$

(3) $y = C_1 \cos x + C_2 \sin x + \dfrac{e^x}{2}$ (4) $y = C_1 e^x + C_2 e^{\frac{x}{3}} - \dfrac{1}{4} x(x+5) e^{\frac{x}{3}}$

6.2.2 (1) $x^{-\frac{1}{2}}, \ x$ (2) $y = C_1 x^{-\frac{1}{2}} + C_2 x - 1 + \dfrac{x}{3} \log x$

6.2.3 (1) $x^{-2}, \ \dfrac{\log x}{x^2}$ (2) $y = \dfrac{C_1}{x^2} + C_2 \dfrac{\log x}{x^2} + \dfrac{(\log x)^2}{2x^2}$

6.3.1 省略

6.3.2 (1) $y = C_1 e^{-2x} + C_2 e^{-x} + \dfrac{x^2}{2} - \dfrac{3}{2} x + \dfrac{7}{4}$

(2) $y = C_1 e^{\frac{3}{2}x} \cos\left(\dfrac{\sqrt{11}}{2} x\right) + C_2 e^{\frac{3}{2}x} \sin\left(\dfrac{\sqrt{11}}{2} x\right) + \dfrac{e^{3x}}{5}$

(3) $y = C_1 e^{\frac{x}{2}} \cos\left(\dfrac{\sqrt{11}}{2} x\right) + C_2 e^{\frac{x}{2}} \sin\left(\dfrac{\sqrt{11}}{2} x\right) - \dfrac{2}{5} \sin 2x - \dfrac{1}{5} \cos 2x$

(4) $y = C_1 e^x \cos \sqrt{3} x + C_2 e^x \sin \sqrt{3} x + \dfrac{3}{73} e^{3x} \sin 2x - \dfrac{8}{73} e^{3x} \cos 2x$

(5) $y = C_1 e^x + C_2 - \dfrac{2}{3} x^3 - 2x^2 - 4x$

(6) $y = C_1 e^{3x} + C_2 e^{2x} + x e^{3x}$

(7) $y = C_1 \cos 2x + C_2 \sin 2x - \dfrac{x}{4} \cos 2x$

(8) $y = C_1 e^{2x} \cos 3x + C_2 e^{2x} \sin 3x + \dfrac{1}{3} e^{2x} \cos x$

(9) $y = C_1 e^x + C_2 e^{-5x} - \dfrac{x}{5} - \dfrac{4}{25} + \dfrac{x}{6} e^x$

(10) $y = C_1 e^{2x} \cos x + C_2 e^{2x} \sin x + \dfrac{e^{2x}}{2} \sin x - \dfrac{e^{2x}}{2} \cos x$

6.3.3 (1) 省略 (2) $\dfrac{x}{54}(6x^2 - 15x - 26) e^{2x}$

6.3.4 (1) $y = C_1 e^{2x} + C_2 e^{3x} \cos x + C_3 e^{3x} \sin x + \dfrac{x}{2} e^{2x}$

(2) $y = C_1 e^{-2x} + C_2 e^{-x} + C_3 x e^{-x} + \dfrac{x^3}{6} e^{-x}$

第 7 章

7.1.1 (1) $x(t) \to 0 \ (t \to +\infty)$

(2) $x'(0) = a$ とする. (i) $a > -1$ のとき, $x(t) \to +\infty \ (t \to +\infty)$, (ii) $a = -1$ のとき, $x(t) \to 0 \ (t \to +\infty)$, (iii) $a < -1$ のとき, $x(t) \to -\infty \ (t \to +\infty)$.

(3) $x(t) \to 0 \ (t \to +\infty)$ (4) $x(t) \to 0 \ (t \to +\infty)$

(5) $x'(0) = a$ とする. (i) $a \geqq 2$ のとき, $x(t) \to +\infty \ (t \to +\infty)$, (ii) $a < 2$ のとき, $x(t) \to -\infty \ (t \to +\infty)$.

7.1.2 (i) の解は $x(t) = \cos 3t - \dfrac{1}{24}\sin 3t + \dfrac{1}{8}\sin t$, (ii) の解は $x(t) = \left(1 + \dfrac{t}{6}\right)\cos 3t - \dfrac{1}{18}\sin 3t$. (i) の解は周期関数として一定の振れ幅であるが, (ii) の解のほうは振れ幅が増大する. すなわち, $|x(t)| \to +\infty \ (t \to +\infty)$.

7.2.1 省略

7.2.2 （相図は省略） (1) 鞍点　(2) 漸近安定結節点　(3) 不安定結節点　(4) 不安定結節点　(5) 不安定渦状点　(6) 渦心点

7.2.3 平衡点は $(x, y) = (0, 0)$（漸近安定結節点）, $(x, y) = (1, 1)$（鞍点）, $(x, y) = (-2, 4)$（鞍点）

第8章

8.1.1 (1) $\dfrac{s}{s^2 - a^2}$　(2) $\dfrac{a}{s^2 - a^2}$　(3) $\dfrac{s - a}{(s - a)^2 + b^2}$　(4) $\dfrac{b}{(s - a)^2 + b^2}$

(5) $\dfrac{n!}{(s - a)^{n+1}}$　(6) $\dfrac{s\cos b - a\sin b}{s^2 + a^2}$　(7) $\dfrac{2a^2}{s(s^2 + 4a^2)}$　(8) $\dfrac{s^2 - a^2}{(s^2 + a^2)^2}$

(9) $\dfrac{2b(s - a)}{\{(s - a)^2 + b^2\}^2}$

8.1.2 (1) xe^{2x}　(2) $(1 + 2x)e^{2x}$　(3) $e^{2x} - 1$　(4) $\cos 2x - 2\sin 2x$

(5) $e^{-x}\cos 2x$　(6) $e^{-x}(2\cos 2x - \sin 2x)$　(7) $1 - \cos 2x$　(8) $x\sin 2x$

(9) $\sin 2x - 2x\cos 2x$

8.1.3 (1) $y = \dfrac{1}{2}\sinh 2x$　(2) $y = xe^{-2x}$　(3) $y = 2x - 1 + e^{-2x}$

(4) $y = \cos 2x + \sin 2x - e^{-2x}$　(5) $y = 1$　(6) $y = 2 - (1 + x)e^{-x}$

(7) $y = 3e^{-x} - 3e^{-2x} + e^{-3x}$　(8) $y = 7e^{-x} - 3e^{-2x} + \sin x - 3\cos x$

(9) $y = 2x - 3 + 6e^{-x} - 2e^{-2x}$　(10) $y = e^{-2x} + e^{-x}\sin 2x$

8.2.1 以下では c_0 と c_1 は任意定数とする.

(1) $y = c_0 \displaystyle\sum_{k=0}^{\infty} \dfrac{(-2)^k}{k!}x^k$　(2) $y = 1 + c_0 \displaystyle\sum_{k=0}^{\infty} \dfrac{(-2)^k}{k!}x^k$

(3) $y = -1 + c_0 \displaystyle\sum_{k=0}^{\infty} \dfrac{(-1)^k}{k!}x^{2k}$　(4) $y = c_0 \displaystyle\sum_{k=0}^{\infty} \dfrac{4^k}{(2k)!}x^{2k} + c_1 \displaystyle\sum_{k=0}^{\infty} \dfrac{4^k}{(2k+1)!}x^{2k+1}$

(5) $y = c_0 \displaystyle\sum_{k=0}^{\infty} \dfrac{(-4)^k}{(2k)!}x^{2k} + c_1 \displaystyle\sum_{k=0}^{\infty} \dfrac{(-4)^k}{(2k+1)!}x^{2k+1}$

(6) $y = c_0 + c_1 \displaystyle\sum_{k=0}^{\infty} \dfrac{1}{(2k+1)} \cdot \dfrac{(2k-1)(2k-3)\cdots 3 \cdot 1}{(2k)(2k-2)\cdots 4 \cdot 2}x^{2k+1}$

$$\left(= c_0 + c_1 \sum_{k=0}^{\infty} \dfrac{(2k)!}{(2k+1)4^k(k!)^2}x^{2k+1}\right)$$

(7) $y = c_1 x - c_0 \displaystyle\sum_{k=0}^{\infty} \frac{1}{2k-1} x^{2k}$

(8) $y = c_0 + (c_1 + 1)x + c_0 \displaystyle\sum_{k=1}^{\infty} \frac{(-1)^k}{(2k-1)(2k-3)\cdots 3 \cdot 1} x^{2k}$

$\qquad + c_1 \displaystyle\sum_{k=1}^{\infty} \frac{(-1)^k}{(2k)(2k-2)\cdots 4 \cdot 2} x^{2k+1}$

$\qquad \left(= x + c_0 \displaystyle\sum_{k=0}^{\infty} \frac{(-1)^k 2^k k!}{(2k)!} x^{2k} + c_1 \displaystyle\sum_{k=0}^{\infty} \frac{(-1)^k}{2^k k!} x^{2k+1} \right)$

8.3.1 図は省略. どの解法もうまく計算が進行し, 積分の近似精度が高い方法ほど精度が良い結果を得られる.

8.3.2 図は省略. $\kappa = 5$ のときはどの解法も計算が進行し, 積分の近似精度が高い方法ほど精度が良い結果を得られるが, $\kappa = 30$ のときは陰的解法しかうまく進行しない.

8.3.3 図は省略. $\kappa = 5$ のときはどの解法も計算が進行し, 積分の近似精度が高い方法ほど精度が良い結果を得られるが, $\kappa = 30$ のときは陰的解法しかうまく進行しない.

索　引

編者略歴

桂　利行
かつら　とし ゆき

1976 年　東京大学大学院理学系研究科博
　　　　士課程（数学専攻）中退
現　在　東京大学名誉教授，理学博士

著者略歴

岡 山 友 昭
おか やま とも あき

2010 年　東京大学大学院情報理工学系研
　　　　究科数理情報学専攻博士課程修
　　　　了
現　在　広島市立大学大学院情報科学研
　　　　究科准教授，博士（情報理工学）

佐 藤 好 久
さ とう よし ひさ

1988 年　九州大学大学院理学研究科修士
　　　　課程（数学専攻）修了
現　在　九州工業大学大学院情報工学研
　　　　究院教授，博士（理学）

田 上　真
た がみ　まこと

2004 年　九州大学大学院数理学府数理学
　　　　専攻博士後期課程修了
現　在　九州工業大学大学院情報工学研
　　　　究院准教授，博士（数理学）

若 狭　徹
わか さ　とおる

2007 年　早稲田大学大学院理工学研究科
　　　　数理科学専攻博士後期課程修了
現　在　九州工業大学大学院工学研究院
　　　　基礎科学研究系准教授，博士
　　　　（理学）

廣 瀬 英 雄
ひろ せ ひで お

1977 年　九州大学理学部数学科卒業
現　在　中央大学研究開発機構教授，久
　　　　留米大学客員教授，九州工業大
　　　　学名誉教授，工学博士

© 桂　利行・岡山友昭・佐藤好久　2021
　田上　真・若狭　徹・廣瀬英雄

2021 年 12 月 20 日　初 版 発 行
2024 年 10 月 25 日　初版第 3 刷発行

理工系学生のための
微 分 方 程 式

編　者　桂　　利　行
著　者　岡　山　友　昭
　　　　佐　藤　好　久
　　　　田　上　　真
　　　　若　狭　　徹
　　　　廣　瀬　英　雄
発行者　山　本　　格

発行所　株式会社　培 風 館
東京都千代田区九段南 4-3-12・郵便番号 102-8260
電 話 (03) 3262-5256（代表）・振 替 00140-7-44725

三美印刷・牧 製本

PRINTED IN JAPAN

ISBN 978-4-563-01158-1　C3041